W0261099

Die

Vertheilung der Wärme

auf der Erdoberfläche.

Nach seiner

von der Académie des Sciences zu Paris

gekrönten Preisschrift

neu bearbeitet

von

Dr. Wilhelm Zenker.

Mit einer lithographirten Tafel.

Springer-Verlag Berlin Heidelberg GmbH 1888

Additional material to this book can be downloaded from http://extras.springer.com

ISBN 978-3-662-32260-4 ISBN 978-3-662-33087-6 (eBook)
DOI 10.1007/978-3-662-33087-6

Vorwort.

Es sei mir gestattet, die Preisfrage der Pariser Akademie, welche mich zu dieser Untersuchung angeregt hat, hier als Vorwort voranzuschicken. Sie lautete:

„Distribution de la chaleur à la surface du globe.“ Rechercher par la théorie suivant quelles lois la chaleur solaire arrive aux différentes latitudes du globe terrestre dans le cours de l'année, en tenant compte de l'absorption atmosphérique. Faire une étude comparative de la distribution des températures données par les observations.

Ich betrachte es als ein grosses Verdienst, welches sich die Pariser Akademie erwirbt, indem sie Jahr für Jahr mit so viel Sorgfalt die wissenschaftlichen Fragen auswählt, zu deren Bearbeitung sie anregen will. Ein grosser Theil des Verdienstes der Bearbeitung fällt dem Fragesteller zu. Auch in diesem Falle, meine ich, ist die Fragestellung eine glückliche und zeitgemässe gewesen. Indem ich daher der genannten Akademie sowohl für die Anregung wie für die wohlwollende Beurtheilung des Geleisteten meinen Dank ausspreche, will ich wünschen, dass meine Arbeit, zum Theil neu gestaltet, nun auch vor dem grösseren Forum der Wissenschaft eine ebenso nachsichtige Aufnahme finden möge.

Berlin, Mai 1888.

W. Zenker.

Inhalt.

Einleitung.

I. Die Sonne und die Wärme-Bilanz.

Die mittlere jährliche Wärmebilanz des Erdballs ergiebt ein Deficit. Die aus den Sonnenstrahlen gesammelte Wärme und die aus dem Erdinneren emporsteigende reichen zusammen nicht aus, um die Verluste zu decken, welche die ununterbrochene Wärmeausstrahlung aus der Erdoberfläche in den Weltraum verursacht. Der frühere Zustand der Erde, wie wir ihn durch die Arbeiten der Geologen und Paläontologen kennen, giebt davon unzweifelhaften Beweis. Aber diese Veränderungen im Klima unsres Planeten gehen so langsam vor sich, dass wir für kürzere Perioden wie Jahrhunderte und Jahrtausende die Einstrahlung und Ausstrahlung der gesammten Erdoberfläche als im Gleichgewicht befindlich ansehen können.

Ob dies Jahr für Jahr der Fall ist, ist dagegen sehr zweifelhaft. Die Sonne besteht bis zu grosser Tiefe unterhalb ihrer Oberfläche ganz aus glühenden Gasen. Diese Gase sind niemals in Ruhe, sondern stets in wildester Bewegung. Sie steigen empor in die Photosphäre und über dieselbe hinaus in die Protuberanzen und zu noch viel grösserer Höhe in der Corona der Sonne. Sie steigen wieder abwärts, werden durch Sonnenflecken unterbrochen und beginnen ihren Kreislauf von Neuem.

In diesen Bewegungen hat man 11-jährige Perioden erkannt, welche sich mehr oder weniger bestimmt an der Häufigkeit der Sonnenflecken kundgeben, welche in dieser Zeit von einem Maximum zu einem Minimum übergeht und zu einem neuen Maximum zurückkehrt. Vermuthlich bezeichnen diese

Erscheinungen ein periodisches Schwanken des mehr oder weniger heftigen Characters jener Gasbewegungen. Die Bewegungen der Magnetnadel, deren tägliche horizontale Schwankungen in den Zeiten der Fleckenmaxima viel grösser sind als in denen der Fleckenminima, scheinen diese Ansicht zu bestätigen. In diesem Falle würde die jährliche Wärmebilanz der Erdoberfläche ebenso periodisch einige Jahre positiv und einige Jahre negativ sein müssen.

Es ist sehr wahrscheinlich, dass es sich so verhält. Aber bis jetzt hat man den Beweis dafür nicht geben können. Nicht, weil die Instrumente der Physiker, welche sich mit diesen Studien beschäftigt haben, zu unempfindlich gewesen wären, sondern weil die Transparenz der irdischen Atmosphäre sich in noch höherem Grade verändert als die Sonnenstrahlung, sodass es bisher nicht möglich gewesen ist, die Veränderungen der letzteren mit Sicherheit zu erkennen. Dies würde gelingen, wenn man an weit entfernten Orten die Gangunterschiede der Sonnenstrahlung durch selbstregistrirende Instrumente (wie die von Crova zu Montpellier oder von Angström zu Upsala) fortlaufend notiren liesse und in deren Curven die correspondirenden Perioden erkennen könnte. Man wäre dann sicher, dass die in beiden Curven vorkommenden Differenzen unabhängig von localen und zufälligen Einflüssen wären und dass also ihre Quelle in der gemeinsamen Ursache, der Sonnenstrahlung selbst, zu suchen wäre. Man müsste aber für diesen Fall öfters die Empfindlichkeit der Instrumente prüfen, indem man die auf sie durch bekannte und constante Quellen strahlender Wärme (z. B. einen Leshie'schen Würfel) ausgeübten Wirkungen vergliche. Solange diese Untersuchung nicht stattgefunden hat, nehmen wir an, dass die Gesammt-Energie der Sonnenstrahlung ausserhalb der Atmosphäre, senkrecht aufgefangen, constant sei.

Die Sonnenstrahlung überragt als Wärmequelle so sehr die aus dem Erdinnern aufsteigende Wärme, dass es für die folgenden Untersuchungen erlaubt sein mag, die letztere $= 0$ anzunehmen. Dann wäre also die während eines Jahres von der gesammten Erdoberfläche aufgenommene Sonnenwärme gleich derjenigen Wärmemenge, welche in derselben Zeit die Erde in den leeren Raum ausgestrahlt hat. Dies Gleichgewicht würde sogar an jedem Orte herrschen, wenn alle Körper auf der Erdoberfläche unbeweglich wären; in Wirklichkeit aber verschieben Wasser und Luft durch ihre eigenen Bewegungen die Wärmemengen in so grossem Maasse und vermischen so die Klimate, dass man nur die gesammte Erdoberfläche als die in der Natur gegebene Flächen-Einheit betrachten kann, ebenso wie als zeitliche Einheit nur das Jahr als Ganzes.

Die Sonnenstrahlen, obwohl unterschieden als Wärme-, Licht- und chemische Strahlen, sind von einander nur verschieden durch ihre Wellenlängen und durch die Einwirkungen, welche sie auf gewisse Körper ausüben. Die mittleren Strahlen des Spectrums sind sichtbar und leuchtend, weil sie die Nerven der Netzhaut reizen; die Strahlen von geringerer Wellenlänge (Ultraviolet) bewirken eine moleculare Veränderung der Silbersalze, und die Strahlen von grösserer Wellenlänge (Ultraroth) sind bekannt als die Träger der Wärme. Sie sind dies indessen keineswegs ausschliesslich; vielmehr giebt jeder Sonnenstrahl einem absorbirenden Körper seine Energie in der Gestalt von Molecularschwingungen, d. h. von Wärme. Die chemischen und optischen Wirkungen sind wahrscheinlich nur secundär. Darum dürfen wir uns bei diesen Untersuchungen nicht ausschliesslich auf die Wärmestrahlen beschränken, sondern müssen gelegentlich die Erscheinungen des Lichts und der chemisch-photographischen Strahlen zum Vergleich heranholen.

Die verschiedenen Theile der Sonnenscheibe sind nicht gleichmässig bei der Strahlung betheiligt. Vielmehr ist diese stärker in der Mitte als am Umfang, wahrscheinlich infolge einer Absorption der Strahlen in der Sonnenatmosphäre. Da aber die in der Sonnenatmosphäre enthaltenen Stoffe zum Theil dieselben sind, welche auch die irdische Atmosphäre zusammensetzen (Sauerstoff, Stickstoff, Wasser u. a.), so kann man oft im Zweifel sein, in welcher von beiden Atmosphären die Absorption eines Strahls in Wirklichkeit stattfindet. Desto höher ist es zu schätzen, dass Langley, der Erfinder des Bolometers, dem die vorzüglichsten Instrumente der Welt zu Gebote stehen, Untersuchungen über diesen Punkt zu machen sich entschlossen hat. Er sagt („The selective absorption of Solar energy“ im „Americain Journal of Science“ vol. XXV, March 1883): „separate investigations are still in progress on the nature of the absorption in the intervals, to determine whether the new observed bands are of solar or terrestrial origin.“ Für jetzt können wir die Strahlung der gesammten Sonne als von der Natur gegebene constante Einheit der Kraft ansehen.

Ausser diesen 3 natürlichen Einheiten werden wir aber auch andre kleine Einheiten wie Meter, Tag u. s. w. je nach Zweckmässigkeit verwenden.

Mathematischer Theil.

II. Die Sonnenstrahlung auf den Erdball als Ganzes.

Wenn der Erdball durchaus kugelförmig und ohne Atmosphäre wäre, sein Durchmesser $= 2R$, so wäre der Querschnitt (F) der sie treffenden Sonnenstrahlen (die Sonne als leuchtender Punkt angenommen) zunächst der Erde in jedem Augenblick

$$(1) \qquad F = R^2 \pi.$$

Doch würde sie nicht in jedem Augenblick (dt) dieselbe Menge von Strahlen (J) empfangen; denn die Entfernung zwischen Sonne und Erde (der Radius vector der Ekliptik) wechselt von Tage zu Tage und erreicht im Laufe des Jahres sein Maximum gegen den 1. Juli und sein Minimum gegen den 1. Januar, zwischen welchen beiden das Verhältniss besteht wie 1,033 : 1. Man muss also, um J auszudrücken, dem Werthe von F noch zwei Grössen hinzufügen, eine constante (A) der Sonnenstrahlung und eine variable $\frac{D_1^2}{D^2}$, wo D_1 die mittlere Entfernung zwischen Sonne und Erde, D die augenblickliche Entfernung bezeichnet, da die Strahlungsintensitäten im umgekehrten Verhältnisse des Quadrats der Entfernungen zu einander stehen. Den Werth von $\frac{D_1}{D}$ erkennt man täglich aus der scheinbaren Grösse des Sonnendurchmessers (S), mit welchem er in gerader Proportion steht. Nennen wir S_1 den mittleren scheinbaren Durchmesser der Sonne, so haben wir also für jeden Zeittheil von der Dauer dt:

(2) $$J = AR^2 \pi \frac{D_1^{\,2}}{D^2} dt = AR^2 \pi \frac{S^2}{S_1^{\,2}} dt$$

und für einen Tag (T), indem man annimmt, dass während dieser Zeit S unverändert bleibt,

(3) $$J_T = AR^2 \pi \frac{S^2}{S_1^{\,2}} T.$$

Wir können auch nach dem I. Keplerschen Gesetz für $\frac{S^2}{S_1^{\,2}}$ den Ausdruck $\frac{V}{V_1}$ setzen, wenn wir mit V die Bewegung der Erde in Länge für den betreffenden Tag, mit V_1 die mittlere Bewegung pro Tag $\left(= \frac{360}{365{,}242}\right)$ setzen. — Alsdann haben wir:

(4) $$J_T = AR^2 \pi \frac{V}{V_1} T;$$

doch ist angenommen, dass V befreit sei von den durch die Anziehung des Monds verursachten Unregelmässigkeiten.

Um die Strahlenmenge zu erhalten, welche die Erde auf jede Bogeneinheit ($d\lambda$) ihrer Längen- (λ) Bewegung in der Ekliptik aufnimmt, muss man die Zeit einführen, in welcher sie den Weg $d\lambda$ zurücklegt, d. h. $\frac{T}{V} d\lambda$. Alsdann erhält man:

$$J_{d\lambda} = AR^2 \pi \frac{T}{V_1} d\lambda.$$

Der Ausdruck $\frac{T}{V_1}$ ist aber gleich $\frac{1 \text{ Tag} \cdot 365{,}252}{360^\circ}$, d. h.

$$\text{gleich } \frac{1 \text{ Jahr in täglichen Rotationen}}{1 \text{ Jahr in jährlicher Rotation}} = 1.$$

Und also:

(5) $$J_{d\lambda} = AR^2 \pi \, d\lambda.$$

Dieser Ausdruck ist bis auf $d\lambda$ constant und gestaltet sich für jeden Grad der Ekliptik, wie folgt:

(6) $$J_{1^\circ} = AR^2 \pi \cdot 1^\circ;$$

für das ganze Jahr:

(6a) $$J_{Jahr} = 2AR^2\pi^2.$$

Setzen wir diese Grösse $= 1$, so wird die Strahlung auf 1° der Ekliptik $= \frac{1}{360}$, dagegen diejenige an 1 Tage $= \frac{V}{2\pi}$.

Theilt man die Ekliptik in die 12 Zeichen des Thierkreises, bezeichnet sie, vom Frühlingspunkte anfangend, durch die lateinischen Zahlen 0—XI und nennt die Zeit, welche die Sonne braucht, um einen dieser Abschnitte zu durchmessen, einen Sonnenmonat, so würde die als kugelförmig angenommene Erde in jedem Sonnenmonat dieselbe Wärmemenge erhalten.

Aber die Erde ist nicht kugelförmig, sie ist sphäroidisch. Der Durchmesser von Pol zu Pol (r) ist um $\frac{1}{288,5}$ kürzer als der äquatoriale (R). Die Differenz $R - r$ sei $= \alpha$. Dann ist die Erdscheibe, von der Sonne aus gesehen, eine Ellipse, deren grosse Axe $= R$ und deren kleine Axe zu den Zeiten der Aequinoctien $= r$ ist. In den anderen Zeiten des Jahres aber ist die Erdaxe gegen die Sonne geneigt (diese Neigung resp. Declination der Sonne heisse δ) und die kleine Axe der Erdscheibe wird dann gebildet durch einen Durchmesser, der von einer nördlichen Breite $= 90° - \delta$ zu der gleichen südlichen Breite geht. Die halbe Länge dieses Durchmessers (r_1) ist ziemlich genau:

$$r_1 = \sqrt{r^2\cos^2\delta + R^2\sin^2\delta}$$
$$= \sqrt{r^2 + (2\alpha r + \alpha^2)\sin^2\delta}$$

und wenn wir die Ausdrücke, welche α^2 enthalten, vernachlässigen:

(7) $$r_1 = r + \alpha\sin^2\delta.$$

Diese Grösse verändert sich von Tage zu Tage. Sei λ die Länge der Sonne in der Ekliptik und $\Delta = 23^1/_2{}°$ ihre Declination in den Solstitien, so ist $\sin\delta = \sin\Delta\sin\lambda$ und also

(7a) $r_1 = r + \alpha\sin^2\Delta\sin^2\lambda$ und sei bei $\lambda = 90°$, $r_1 = R_1$.

Jetzt erhalten wir J_1, die Strahlenmenge, corrigirt für die sphäroidische Erde, auf einen Bogen der Ekliptik $\delta\lambda$

(8) $$J_{1\,d\lambda} = AR\pi(r + \alpha \sin^2 \Delta \sin^2 \lambda)\,d\lambda.$$

Die Integration von λ_1 bis λ_2 ergiebt:

(9) $$J_{1\,\lambda_2-\lambda_1} = \frac{AR\pi}{2}\left[(2r + \alpha \sin^2\Delta)(\lambda_2 - \lambda_1) - \frac{\alpha}{2}\sin^2\Delta\,(\sin 2\lambda_2 - \sin 2\lambda_1)\right]$$

und wenn wir jetzt für $r + \alpha \sin^2 \Delta$ das obige Zeichen R_1 einsetzen (s. Formel 7a):

(10) $$J_{1\,\lambda_2-\lambda_1} = AR\pi\left[(R_1 + r)(\lambda_2 - \lambda_1) - \frac{\alpha}{4}\sin^2\Delta\,(\sin 2\lambda_2 - \sin 2\lambda_1)\right].$$

Nach dieser Formel kann man für jeden Theil des Jahres die Summe der auf die ganze Erde übertragenen Sonnen-Energie berechnen. Für die 3 Sonnen-Monate des astronomischen Frühlings (21. März bis 21. Juni) findet man:

Tabelle I.

Monat	Länge	Formel	Menge (das Jahr = 1)
0	0°—30°	$J_{1_0} = AR\pi\left(\frac{(R_1+r)\pi}{6} - \frac{\alpha}{4}\sin^2\Delta \sin^2 60°\right)$	0,08329
I	30°—60°	$J_{1_I} = \frac{AR(R_1+r)\pi^2}{6}$	0,08333
II	60°—90°	$J_{1_{II}} = AR\pi\left(\frac{(R_1+r)\pi}{6} + \frac{\alpha}{4}\sin^2\Delta \sin^2 60°\right)$	0,08338
$\frac{\pi}{2}$	0°—90°	$J_{1_{\frac{\pi}{2}}} = \frac{AR(R_1+r)\pi^2}{2}$	0,25.

Der Ausdruck für den Monat 0 gilt ebenso auch für die Monate V, VI und XI, der für I auch für die Monate IV, VII, und X und der für II auch für III, VIII und IX; endlich der Ausdruck $\frac{\pi}{2}$ für jedes astronomische Vierteljahr.

Für das ganze Jahr ist die Formel für die Erde

(10a) $$J_{1\,Jahr} = 2AR(R_1 + r)\pi^2.$$

Die auf die Erde strahlende Sonnenwärmemenge ist nicht mehr dieselbe für jeden Monat, wohl aber für jedes Vierteljahr. Und da für das Winterhalbjahr die Stellung der südlichen

Halbkugel im Verhältniss zum ganzen Erdball genau dieselbe ist, wie im Sommerhalbjahr die Stellung der nördlichen Halbkugel und umgekehrt, so sieht man ein, dass die Wärmemenge, welche die eine Halbkugel während ihres Sommers, ihres Winters und im Laufe des Jahres erhält, genau so gross ist, wie diejenige Wärmemenge, welche die andere Halbkugel während ihres Sommers, ihres Winters und im Laufe des Jahres erhält.

Man kann auch direct die von jeder der beiden Halbkugeln in einer beliebigen Zeit erhaltene Wärme bestimmen. Ihre Trennungslinie ist, von der Sonne gesehen, nur in den Aequinoctien eine Gerade, zu jeder anderen Zeit die Peripherie einer halben Ellipse, von der die grosse Axe $= R$, die kleine $= R \sin \delta$ ist und deren Fläche daher ist $= {}^1/_2 R^2 \pi \sin \delta = {}^1/_2 R^2 \pi \sin \varDelta \sin \lambda$. Die Sonnenstrahlenmenge auf dieser Halbellipse ist also, während die Erde den Bogen $d\lambda$ der Ekliptik durchläuft:

$$J_2 \, d\lambda = {}^1/_2 A R^2 \pi \sin \varDelta \sin \lambda \, d\lambda,$$

und dies von λ_1 bis λ_2 integrirt, giebt:

$$(11) \qquad J_2 (\lambda_2 - \lambda_1) = \frac{A R^2 \pi}{2} \sin \varDelta (\cos \lambda_1 - \cos \lambda_2).$$

Diesen Ausdruck muss man zur Hälfte des Ausdrucks (10) fügen, um den Gesammtbetrag der Wärme zu finden, welche eine ganze Halbkugel erhalten hat. Dies macht

$$(12) \quad J_{1\,h\acute{e}m\,(\lambda_2 - \lambda_1)} = {}^1/_2 A R \pi \Big[(R_1 + r)(\lambda_2 - \lambda_1) - \frac{\alpha}{4} \sin^2 \varDelta (\sin 2\lambda_2 - \sin 2\lambda_1) \pm R \sin \varDelta (\cos \lambda_1 - \cos \lambda_2) \Big],$$

wobei das Vorzeichen + vor dem letzten Gliede sich auf die nördliche, — sich auf die südliche Halbkugel bezieht. Der Ausdruck (11) hat für die 3 Monate 0, I und II, wenn man den Jahresbetrag (s. Formel 10a) = 1 setzt, die Werthe ± 0,00426, 0,01175 und 0,01592. In der folgenden Tafel sind die so sich ergebenden Wärmemengen, für die beiden Halbkugeln nach Sonnen-Monaten zusammengestellt, als Einheit wie in Tafel I die Insolation des ganzen Erdballs im Laufe des Jahres angenommen.

Tabelle II.

Die den Halbkugeln der Erde im Laufe des Jahres zugestrahlte Wärme.

Sonnen-Monate	Nördl. Halbkugel	Südl. Halbkugel	Ganze Erde
IX = VIII	0,02577	0,05761	0,08338
X = VII	02991	05342	08333
XI = VI	03738	04591	08329
0 = V	0,04591	0,03738	0,08329
I = IV	05342	02991	08333
II = III	05761	02577	08338
0 – V	0,31388	0,18612	0,5
VI – XI	0,18612	0,31388	0,5
Jahr	0,5	0,5	1

Aus dieser Tabelle ist klar zu ersehen, dass die Sonnenwärmemenge, welche im Laufe des Jahres einstrahlt, in beiden Hemisphären genau dieselbe ist.

Es kommen im Laufe des Jahres zwei Maxima und zwei Minima der Wärmeaufnahme der ganzen Erde auf 1° Länge vor, die zu einander im Verhältniss = 1,000275 : 1 stehen. Die Maxima fallen auf die Solstitien, die Minima auf die Aequinoctien. Für die Wärmeaufnahme während eines Tages giebt es aber nur ein Maximum am 1. Januar und ein Minimum am 1. Juli. Die Veränderungen infolge der Neigung der Erdaxe verschwinden gegen die viel grösseren Schwankungen, welche durch die Excentricität der Ekliptik hervorgebracht werden und welche das Verhältniss 1,067 : 1 erreichen.

Wir haben noch den Einfluss der Atmosphäre des Erdballs zu betrachten. Sie hält noch einen Theil derjenigen Sonnenstrahlen zurück, welche ohne sie neben dem Erdball vorübergehen würden, ohne ihn zu berühren. Um die Menge dieser Strahlen abzuschätzen, genügt es, die Höhe über dem Erdboden zu bestimmen, in welcher die Absorption der tangirenden Sonnenstrahlen = 50 % ist. Denn dann absorbiren die höheren Luftschichten ungefähr soviel Wärme, wie die niederen Luftschichten wieder in den leeren Raum entweichen lassen.

Alle bis zu dieser Höhe eindringenden Strahlen darf man alsdann als zum Vortheil der Erde festgehalten annehmen.

Weiter unten werden wir sehen, dass die Strahlen, welche den Erdball tangiren, ehe sie das Meeresniveau erreichen, den 44-fachen Weg durch die Luft zurücklegen müssen, wie bei senkrechtem Durchdringen der Luft, und dass die Energie eines Strahles, der die Luftsäule senkrecht durchdringt, schon auf 75% reducirt wird. Um auf 50% seiner ursprünglichen Energie abgeschwächt zu werden, darf er daher nur einen Weg durch die Luft zurücklegen (vom Eintritt in die Atmosphäre bis zum Wiederaustritt in den leeren Raum), der wenig mehr als doppelt so gross wie die senkrechte Luftsäule wäre. In der Höhe von 27 ½ km würde die Luftdichtigkeit nur noch $^1/_{32}$ der unten herrschenden sein, dagegen der Weg eines der Tangente parallelen Strahls durch die Luft = $^{71}/_{32}$ der senkrechten Luftsäule. Da aber die atmosphärische Absorption schneller abnimmt als die Dichtigkeit der Luft, so werden wir die gesuchte Höhe schon bei 25 km erreicht haben.

Wir müssen hier der Langley'schen Hypothese erwähnen, die wir weiter unten genauer besprechen. Nach dieser wäre die Absorption der Sonnenstrahlen in der Atmosphäre und besonders in deren höchsten Schichten viel grösser, als man bisher angenommen hat. Langley meint, dass schon dort eine fast vollständige Absorption der Strahlen von sehr grosser Wellenlänge stattfinde. In diesem Falle müsste man die Luftschicht, welche die Wärmestrahlen absorbirt, etwa auf das Doppelte der oben angenommenen Höhe ausdehnen. Doch werde ich weiter unten die Erwägungen angeben, welche mich verhindern, der Hypothese des berühmten amerikanischen Gelehrten zu folgen.

Sonach finden wir den Durchschnitt (F_1) der Erde, welcher die Sonnenstrahlen festhält, einschliesslich des atmosphärischen Theils:

$$(13) \qquad F_1 = (R + 25 \text{ km})^2 \pi = F\left(1 + \frac{1}{128}\right).$$

Die Vergrösserung dieser Durchschnittsfläche durch die Atmosphäre beträgt ungefähr das Doppelte der Verkleinerung, welche durch die Abplattung der Polarregionen bewirkt wird. Aber von dieser hinzukommenden Wärme, welche ziemlich gleichmässig nach allen Richtungen strahlt, geht die eine Hälfte wieder in den leeren Raum verloren und die andre Hälfte vertheilt sich nur ungleichmässig über die Erdoberfläche. Sie ist überall unter dem Namen der Dämmerungen bekannt, aber diese sind in den höheren Breiten von ungleich längerer Dauer als am Aequator. Freilich macht sich die Wärmestrahlung in ihnen wenig fühlbar, ist aber sicherlich ebensowohl vorhanden wie die Lichtstrahlung; nur dass die Wärmeausstrahlung der Erde zu gleicher Zeit die Temperatur erniedrigt. Ueber die Bestimmung der Wärmewirkung der Dämmerungen wird unten gesprochen werden.

III. Die Wärmemenge, welche von der Sonne den verschiedenen Breiten zugesandt würde, wenn die Luft nicht existirte.

A. Für Perioden von kürzerer Dauer.

Wenn A die Intensität der Sonnenstrahlen bezeichnet, welche senkrecht auf eine Oberflächeneinheit ausserhalb der Atmosphäre einfallen, so würde die Intensität (J) der Sonnenstrahlung auf dieselbe Einheit der Erdoberfläche — die Atmosphäre als nicht vorhanden angenommen — gegeben sein durch die Formel:

$$J = A \cos z, \tag{14}$$

wobei z die Zenithdistanz der Sonne ist. Diese bestimmt sich aus der Formel

$$\cos z = \sin\varphi \sin\delta + \cos\varphi \cos\delta \cos t, \tag{15}$$

worin φ die geographische Breite des Ortes, positiv im N., negativ im S. des Aequators, δ die Declination der Sonne und t den Stundenwinkel, vom Mittagspunkt aus gemessen, bezeichnet. Für jeden Zeittheil (dt), ausgedrückt als Bogen des Stundenwinkels, wird die Menge der empfangenen Wärme sein:

$$J_{dt} = A \sin\varphi \sin\delta\, dt + A \cos\varphi \cos\delta \cos t\, dt. \tag{16}$$

Man findet die in einem Tage (T) empfangene Wärmemenge, wenn man diese Formel von $t = - H$ bis $t = + H$ integrirt, wobei H den halben Tagbogen bezeichnet, dessen cosinus ist $= - \operatorname{tg}\varphi \cdot \operatorname{tg}\delta$. Wir erhalten:

$$(17) \quad J_T = 2A \sin\varphi \sin\delta\, H + 2A \cdot \cos\varphi \cdot \cos\delta \sin H.$$

Diesen Ausdruck kann man auf verschiedene Weise vereinfachen. Am Aequator, wo $\varphi = 0$ ist, haben wir $J_T = 2A \cos\delta$; in den Aequinoctien, wo $\delta = 0$ ist, wird $J_T = 2A \cos\varphi$ und am Aequator $= 2A$. Nehmen wir jedesmal an, die Sonne bliebe während der ganzen in Frage kommenden Zeit im Zenith eines Orts, und lassen die dort stattfindende Strahlung uns (nach Wieners Vorgang) als Vergleichsmaassstab, als Einheit in den Tabellen dienen, so würde $1 = 2A\pi$ sein. In den höheren Breiten, wo die Sonne auch um Mitternacht über oder um Mittag unter dem Horizont ist, wird $H = \pi$ oder $= 0$, und in beiden Fällen $\sin H = 0$. Dadurch wird die Formel

$$(18) \qquad J_T = 2A \sin\varphi \sin\delta H,$$

was für diejenige Polarzone, welche immerwährenden Tag hat, $= 2A\pi \sin\varphi \cdot \sin\delta$, für die andere aber, welche Nacht hat, $= 0$ ist. Wo der immerwährende Tag gerade anfängt oder endet, d. h. wo $\varphi + \delta = 90°$ ist, hat man

$$J_T = A\pi \sin 2\varphi.$$

Endlich für die mittleren Breiten, wo die Sonne täglich auf- und untergeht, lässt sich die Formel (17) vereinfachen zu der Form:

$$(19) \qquad J_T = 2A \sin\varphi \sin\delta (H - \operatorname{tg} H),$$

indem man ihr zweites Glied multiplicirt mit $- \frac{\operatorname{tg}\varphi \cdot \operatorname{tg}\delta}{\cos H}$ (was $= 1$ ist).

Um aber den wahren Werth für jeden Tag zu finden, muss man den Formeln (17—19) auch wieder den Factor $\frac{D_1^2}{D^2} = \frac{S^2}{S_1^2} = \frac{V}{V_1}$ hinzufügen, den wir schon aus dem II. Kapitel (Formel 2—4) kennen. Ohne diesen Factor gelten die Formeln nur, wenn man statt T einen Gradbogen der Ekliptik einsetzt. Die Tabelle III ist darnach berechnet für jeden 10. Grad nördl. u. südl. geogr. Br. und für jeden 10. Grad Länge der Ekliptik in einem Vierteljahr. In den übrigen Theilen des Jahres kehren dieselben Verhältnisse wieder wie in den 4 Quadranten eines Kreises.

Bei der Berechnung für die Tage stimmen die vier Vierteljahre nicht so vollständig überein. Diese Berechnung ist von Meech*) in Washington und von Wiener**) in Karlsruhe ausgeführt. Nach dem Letzteren habe ich die Tabelle IV copirt.

Aus diesen Zusammenstellungen lassen sich einige Schlüsse ziehen:

1. Während des ununterbrochenen Tages der Polarregionen ist dort die Sonnenstrahlung gleich oder grösser wie die am Aequator. Sie ist gleich, wenn $\sin\varphi \operatorname{tg}\delta = \frac{1}{\pi}$ ist, d. h. für 90° Breite, wenn $\delta = 17°10'$ und für 70° Breite, wenn $\delta = 18°40'$ ist. Ist die Declination der Sonne grösser, d. h. vom 15. Mai bis 29. Juli, so erhält ein Punkt der Polarzone in 24 Stunden mehr Sonnenwärme zugestrahlt, als in derselben Zeit ein Punkt des Aequators, und innerhalb der Polarzone erreicht die Wärmemenge ihr Maximum am Pol, weil dort $\sin\varphi = 1$ ist. Zur Zeit des Sommer-Solstitiums beträgt die tägliche Strahlung am Pol $^4/_3$ derjenigen, welche zur selben Zeit am Aequator herrscht, und $^5/_4$ des Maximums der Sonnenstrahlung am Aequator, welches dort in den Aequinoctien stattfindet.

2. Man kann leicht die Menge der Sonnenstrahlung finden, welche während des immerwährenden Tages die Polarzone trifft. Wir haben nach der Formel (18):

$$J_T = 2A\pi \sin\varphi \sin\delta = 2A\pi \sin\varphi \sin\varDelta \sin\lambda.$$

---

*) Meech, On the relative intensity of the Heat and Light of the Sun upon different latitudes of the Earth in Smithsonian contributions of knowlegde, Washington 1856.

**) Wiener, Ueber die verhältnissmässige Bestrahlungsstärke etc. in Schlömilch's Zeitschr. für Mathematik und Physik 1877, Th. 22.

Tabelle III.

Wärmemengen, aufgenommen während die Erde 1° der Ekliptik durchmisst

(angenommen, die Atmosphäre existirte nicht).

NB. Ein Ort, wo während der ganzen Zeit die Sonne im Zenith stände, würde die Wärmemenge = 1 empfangen.

Geogr. Breite	Längen der Sonne										Geogr. Breite
	0° (180°)	10° (170°)	20° (160°)	30° (150°)	40° (140°)	50° (130°)	60° (120°)	70° (110°)	80° (100°)	90°	
N. 90°	→	0,06911	0,13612	0,19899	0,25582	0,30487	0,34465	0,37398	0,39193	0,39798	90° S.
80°	0,05527	09348	13947	19597	25193	30024	33942	36830	38598	39193	80°
70°	10887	14313	17958	21728	25379	29060	32388	35143	36830	37398	70°
60°	15915	18984	22110	25182	28113	30755	33022	34730	35819	36188	60°
50°	20460	23125	25756	28261	30569	32599	34277	35544	36317	36583	50°
40°	24384	26589	28693	30639	32380	33858	35055	35941	36480	36662	40°
30°	27566	29464	30799	32167	33364	34325	35078	35612	35918	36038	30°
20°	29911	31031	31994	32793	33427	33895	34223	34438	34547	34595	20°
10°	31347	31875	32254	32466	32560	32551	32539	32392	32322	32299	10°
0°	31831	31756	31534	31192	30771	30316	29881	29521	29284	29202	0°
S. 10°	31347	30675	29890	29011	28118	27257	26554	25898	25516	25388	10° N.
20°	29911	28607	27339	25987	24678	23468	22435	21647	21140	20946	20°
30°	27566	26009	23993	22226	20573	19081	17845	16913	16321	16139	30°
40°	24384	22147	19944	17848	15936	14261	12900	11901	11287	11080	40°
50°	20460	17831	15329	13017	10972	09245	07875	06895	06284	06096	50°
60°	15915	13000	10322	07849	05958	04353	03171	02342	01877	01723	60°
70°	10887	07829	05167	03020	01541	00411	—	—	—	—	70°
80°	05527	02440	00542	—	—	—	—	—	—	—	80°
90°	—	—	—	—	—	—	—	—	—	—	90°
Längen der Sonne	180° 360	190° 350	200° 340	210° 330	220° 320	230° 310	240° 300	250° 290	260° 280	270°	Längen der Sonne

Diese Breiten sind zu verbinden mit den über den Colonnen angegebenen Längen.

Diese Breiten sind zu verbinden mit den unter den Colonnen angegebenen Längen.

Tabelle

Verhältnissmässige Stärke der Sonnenbestrahlung

Länge ⊙ / Decl. ⊙	0° / 0°	$22^1/_2$° / + 8° 45′45″	45° / +16°20′57″	$67^1/_2$° / +21°34′43″	90° / +23°27′28″	$112^1/_2$° / +21°34′43″	135° / +16°20′57″	$157^1/_2$° / + 8° 45′45″
+ 90°	0	0,15137	0,27637	0,35767	0,38529	0,35600	0,27396	0,14965
80°	0,05564	0,15137	27216	35223	37944	35059	26974	14965
70°	10960	18777	26805	33619	36206	33453	26565	18565
60°	16023	22745	28943	33423	35038	33258	28683	22486
50°	20599	26232	31051	34307	35413	34138	30774	25934
40°	24548	28893	32553	34781	35484	34610	32263	28564
30°	27752	30966	33253	34532	35880	34363	32956	30613
20°	30114	32009	33067	33456	35479	33292	32772	31645
10°	31559	32112	31971	31531	31259	31376	31685	31747
0	32046	31261	29981	28793	28262	28652	29714	30905
− 10°	31559	29483	27171	25318	24568	25194	26928	29147
20°	30114	26831	23614	21219	20300	21115	23403	26525
30°	27752	23397	19434	16645	15615	16563	19260	23131
40°	24548	19282	14789	11784	10634	11726	14657	19063
50°	20599	14636	09881	06902	05898	06868	09793	14469
60°	16023	09636	05007	02440	01671	02428	04963	09526
70°	10960	04553	00834	—	—	—	00826	04501
80°	05564	00230	—	—	—	—	—	00227
90°	0	—	—	—	—	—	—	—

Ersetzt man T auf der linken und entsprechend 2π auf der rechten Seite der Gleichung durch $d\lambda$, so haben wir:

$$J_{d\lambda} = A \sin\varphi \sin\varDelta \sin\lambda\, d\lambda. \tag{20}$$

Diese Formel ist zwischen den zwei Werthen von λ zu integriren, welche durch die Gleichung $\delta = 90° - \varphi$ bestimmt sind. Es ist dann:

$$\sin\lambda_2 = \sin\lambda_1 = \frac{\cos\varphi}{\sin\varDelta} \text{ und } \lambda_2 = 180° - \lambda_1.$$

Zwischen diesen zwei Werthen von λ die obige Formel integrirend erhält man (für den immerwährenden Tag allein):

$$J_{\lambda_1}^{\lambda_2} = 2A \sin\varphi \cdot \sin\varDelta \cos\lambda_1. \tag{21}$$

IV.

der Erde während eines Tages (nach Wiener).

180° 0°	202½° − 8° 45'45''	225° −16°20'57''	247½° −21°34'43''	270° −23°27'28''	292½° −21°34'43''	315° −16°20'57''	337½° − 8°45'45''
0	—	—	—	—	—	—	—
0,05496	0,00233	—	—	—	—	—	0,00236
10826	04616	0,00866	—	—	—	0,00873	04671
15826	09769	05199	0,02580	0,01784	0,02592	05245	09886
20347	14838	10260	07300	06300	07333	10350	10516
24248	19506	15356	12462	11359	12521	15492	19784
27412	23731	20180	17604	16678	17686	20358	24006
29745	27202	24521	22442	21684	22547	24737	27528
31172	29891	28214	26778	26243	26903	28462	30249
31654	31694	31132	30453	30188	30595	31407	32074
31172	32557	33198	33347	33389	33504	33490	32947
29745	32452	34336	35384	35759	35549	34638	32841
27412	31394	34529	36523	37257	36693	34834	31771
24248	29293	33802	36786	37902	36958	34101	29644
20347	26595	32243	36284	37826	36454	32528	26914
15826	23060	30053	35349	37426	35514	30317	23337
10826	19037	27833	35557	38674	35722	28078	19310
05496	15347	28261	37263	40529	37437	28510	15531
0	15347	28697	37838	41155	38015	28950	15531

Die Menge der Strahlen ist $=0$, wo $\varphi = 90° - \varDelta$ ist, d. h. im Polarkreis; aber sie wächst mit φ und erreicht ihr Maximum im Pol, wo $\varphi = 90°$ ist. Dort wird

$$J_{0°}^{180°} = 2A \sin \varDelta \tag{22}$$

ein Werth, der etwa $= {}^5/_6$ der Wärme ist, welche in derselben Zeit von einer gleichen Fläche am Aequator aufgenommen wird.

Um diese Werthe auf dieselbe Wiener'sche (s. p. 13) Einheit zu reduciren, die wir in Tabelle III und IV zu Grunde gelegt haben, müssen wir die rechte Seite der Formel (21) durch $A(\lambda_2 - \lambda_1)$ dividiren und erhalten dann:

$$J_{\lambda_1}^{\lambda_2} = 2 \sin \varphi \cdot \sin \varDelta \frac{\cos \lambda_1}{\lambda_2 - \lambda_1}$$

$$= \sin \varphi \cdot \sin \varDelta \frac{\sin(90° - \lambda_1)}{90° - \lambda_1}.$$

Ist $\lambda_1 = 90°$, also $\varphi = 90° - \varDelta$, so haben wir nun $J_{\lambda_1}^{\lambda_2} = \sin\varphi \cdot \sin\varDelta = \frac{\sin 2\varDelta}{2} = 0{,}36568$. Ist $\varphi = 90°$, d. h. $\lambda_1 = 0$, so finden wir $J_{\lambda_1}^{\lambda_2} = 2\,\frac{\sin\varDelta}{\pi} = 0{,}25336$. (Am Aequator ist in derselben Zeit $J_{\lambda_1}^{\lambda_2} = 0{,}30532$).

3. Die Sonnenstrahlung vertheilt sich über die verschiedenen Breiten in wechselnder Weise. In den Aequinoctien entspricht sie den Cosinus der Breiten (s. S. 13 nach Formel 17). In den Solstitien empfangen die Punkte des Aequators weniger Sonnenstrahlen, als die Punkte der Sommer habenden Halbkugel. Die Insolation wächst bis gegen 40 bis 50° Br., vermindert sich dann bis ungefähr 60° und wächst von dort an wieder bis zum Pol. In der Winter habenden Halbkugel ist die Abnahme ununterbrochen vom Aequator bis zu der Breite, in welcher die immerwährende Nacht beginnt.

4. Für die polaren und mittleren Breiten fällt das Maximum der Strahlung auf das Sommersolstitium, das Minimum auf das Wintersolstitium. Der Aequator hat zwei Maxima (in den Aequinoctien) und zwei Minima (in den Solstitien). Zwischen beiden Klimaten findet sich in ungefähr 10° Br. ein Zwischenklima, in welchem zwei Maxima der Insolation auftreten (bei 40° u. 140° Länge auf der nördlichen Halbkugel und bei 220° u. 320° auf der südlichen Halbkugel. Die beiden Zwischenzeiten entsprechen einer Bewegung der Erde in der Ekliptik, die eine von 100°, die andre von 260°.

5. Wenn die Sonne für uns verschwindet, erscheint sie unseren Antipoden, und wenn sie zu uns zurückkehrt, entschwindet sie vom Himmel der Antipoden. Man könnte glauben, dass die Summe beider Wirkungen constant sein müsse. Dem ist aber nicht so. Bezeichnen wir durch φ_1 die geographische Breite unsrer Antipoden und durch H_1 ihren halben Tagbogen, so haben wir die beiden Formeln:

$$J_{T\cdot nobis} = 2A \sin\varphi \sin\delta\, H + 2A \cos\varphi \cos\delta \sin H$$
$$J_{T\cdot anti} = 2A \sin\varphi_1 \sin\delta\, H_1 + 2A \cos\varphi_1 \cos\delta \sin H_1.$$

Vor Ausführung der Addition setzen wir für $\sin\varphi_1$ den Werth $-\sin\varphi$ ein und für H_1 den: $\pi - H$; dann haben wir:

$$(23)\qquad J_n + J_a = 2J_n - 2A\pi \sin\varphi \sin\delta,$$

ein Ausdruck, welcher zeigt, dass auch die Summe beider Tageswirkungen variabel ist.

Für die Differenz der beiden Tageswirkungen findet man dagegen einen sehr einfachen Ausdruck, nämlich:

$$(24)\qquad J_n - J_a = 2A\pi \sin\varphi \sin\delta,$$

eine Differenz, welche bei negativem δ auch negativ ist. Ein specieller Fall dieser Formel tritt für die circumpolaren Gegenden ein, von denen die eine $J_T = 0$ hat. So hat denn folgerichtig die andre $J_T = 2A\pi \sin\varphi \sin\delta$ (nach Formel 18.)

Nach dieser Formel lässt sich auch für einen beliebigen Ort die Strahlung in den verschiedenen Jahreszeiten vergleichen, in welchen die Sonne gleiche Declination aber mit entgegengesetztem Vorzeichen hat, d. h. in einer Sommerzeit und in der entsprechenden Winterzeit, immer für gleiche Wege (Winkel) in der Ekliptik. Ich werde dies weiter unten benutzen, um die Differenzen zwischen Juli und Januar mit der geographischen Breite in Beziehung zu setzen.

6. Die Excentricität der Ekliptik bedingt, dass die Insolation während eines Tags nicht durchaus derjenigen entspricht, welche stattfindet, während die Erde einen im Winkel gleichen Weg in der Ekliptik zurücklegt. Das Maximum der täglichen Insolation findet am 21. December am Südpol statt. Auch sind die Strahlungsdifferenzen zwischen dem heissesten und dem kältesten Monat auf der Südhalbkugel grösser, auf der Nordhalbkugel dagegen kleiner, als man sie für gleiche Winkel in der Ekliptik (Sonnenmonate) findet.

B. Für den Lauf des Jahres.

Um die Frage zu lösen betreffend die Vertheilung der Sonnenwärme im Laufe des Jahres, muss man sich zunächst fragen, ob man dafür die Integralrechnung anwenden darf oder ob man vielmehr die Differenzenrechnung anwenden muss. Wir haben die tägliche und halbtägliche Strahlung gefunden, indem wir annahmen, dass die Declination der Sonne im Laufe eines Tages unverändert bleibe. Diese Annahme ist nicht naturgemäss, denn die Declination verändert sich von Augenblick zu Augenblick. Die Reihe der Tage wird unterbrochen von einer gleich grossen Reihe von Nächten. Wir haben also nicht eine continuirliche Reihe zu addiren, sondern eine unterbrochene Reihe von Grössen, welche sprungweise Unterschiede zeigen.

Aber diese theoretischen Hindernisse verlieren an Gewicht (wie schon F. Roth in Kleins Wochenschrift f. Astron. 1885 No. 7. 9. 10. gezeigt hat), wenn wir unsre Rechnung nicht für einen einzelnen Ort, sondern für eine unendliche Menge von Orten anstellen, welche in gleichen Abständen in denselben Breitenkreisen liegen. In diesem Falle verändert sich die Declination continuirlich von Ort zu Ort und wenn wir nun die Gesammtsumme, die wir durch Integration erhalten, durch die Anzahl der Beobachtungsorte dividiren, so werden wir das mittlere Resultat erhalten, welches wir suchen. Der durch die angenommene Stabilität der Sonne während des Tages verursachte Fehler verschwindet vollständig im Laufe des Jahres; denn die tägliche Veränderung der Declination bewirkt in der einen Hälfte des Jahres eine Verlängerung, in der anderen eine Abkürzung der Tage, aber beide ausserordentlich klein.

Nach diesen Erwägungen ist es nicht erforderlich, wie Meech es gethan hat, die Formel von Euler anzuwenden, sondern man kann auch einfach die I n t e g r a t i o n d u r c h d i e g a n z e E k l i p t i k versuchen. Wir haben schon (19) für eine Winkeleinheit die Ekliptik gefunden:

$$J = 2A \sin\varphi \cdot \sin\delta\,(H - \operatorname{tg} H),$$

welcher Ausdruck für jede Bewegung der Erde in der Ekliptik um den Bogen $d\lambda$ auch mit $d\lambda$ multiplicirt werden muss. Deshalb haben wir zu integriren:

$$(25) \qquad \int \frac{J}{2A}\, d\lambda = \int H \sin\varphi \cdot \sin\delta\, d\lambda - \int \operatorname{tg} H \sin\varphi \cdot \sin\delta\, d\lambda.$$

Wir wenden uns zunächst zum ersten Gliede der rechten Seite. Da $\sin\delta = \sin\Lambda \sin\lambda$, so gestaltet sich dasselbe um in:

(26) $$\int H \sin\varphi \cdot \sin\Delta \sin\lambda d\lambda,$$
worin $\sin\varphi$ und $\sin\Delta$ Constanten sind.

Die Integration lässt sich nach der bekannten Formel:

(27) $$\int X\delta x \operatorname{arc}(\cos = x) = \operatorname{arc}(\cos = x)\int X dx + \int \frac{\delta x \int X dx}{\sqrt{1-x^2}}$$

ausführen. In unserem Fall ist $\operatorname{arc}(\cos = x) = H$ und wie wir aus der Formel nach (16) wissen, ist

$$x = -\operatorname{tg}\varphi \operatorname{tg}\delta \text{ und also } dx = -\frac{\operatorname{tg}\varphi}{\cos^2\delta}d\delta.$$

Da aber $\sin\delta = \sin\Delta \sin\lambda$ und also $\cos\delta\, d\delta = \sin\Delta \cos\lambda\, d\lambda$ ist, so ist

$$d\delta = \sin\Delta \frac{\cos\lambda}{\cos\delta} d\lambda,$$

und indem wir diesen Werth für $d\delta$ einführen, erhalten wir:

$$dx = -\frac{\operatorname{tg}\varphi \sin\Delta \cos\lambda d\lambda}{\cos^3\delta}.$$

Wir müssen nun $Xdx = \sin\varphi \sin\Delta \sin\lambda d\lambda$ machen, d. h.

$$\begin{aligned} X &= -\cos\varphi \operatorname{tg}\lambda \cos^3\delta \\ &= -\cos\varphi \operatorname{tg}\lambda\,(1-\sin^2\Delta \sin^2\lambda)^{3/2}. \end{aligned}$$

Jetzt können wir die gefundenen Werthe in das erste Glied der Formel des Integrals (27) einführen. Dies giebt von 0 bis λ:

(28) $$\begin{aligned} \operatorname{arc}(\cos = x)\int X dx &= H \int_0^\lambda \sin\varphi \sin\Delta \sin\lambda \delta\lambda \\ &= -\sin\varphi \sin\Delta \left(H \cdot \cos\lambda - \frac{\pi}{2}\right). \end{aligned}$$

Es ist noch der Ausdruck $\int \frac{dx \int X dx}{\sqrt{1-x^2}}$ der Formel (27) aufzulösen. Wir wissen, dass $Xdx = \sin\varphi \cdot \sin\Delta \sin\lambda d\lambda$ ist, also:

(29) $$\begin{aligned} \frac{dx \int X dx}{\sqrt{1-x^2}} &= \frac{\sin^2\varphi \cdot \sin^2\Delta \cos^2\lambda d\lambda}{\cos\varphi \cos^3\delta \sqrt{1-\operatorname{tg}^2\varphi \cdot \operatorname{tg}^2\delta}} \\ &= \frac{\sin^2\varphi}{\cos\varphi} \frac{\sin^2\Delta\,(1-\sin^2\lambda)\, d\lambda}{(1-\sin^2\Delta \sin^2\lambda)\sqrt{1-\sin_2\delta(1-\operatorname{tg}^2\varphi)}} \\ &= \frac{\sin^2\varphi}{\cos\varphi}\left[\frac{(1-\sin^2\Delta \sin^2\lambda - \cos^2\Delta)\, d\lambda}{(1-\sin^2\Delta \sin^2\lambda)\sqrt{1-\frac{\sin^2\Delta}{\cos^2\varphi}\sin^2\lambda}}\right]. \end{aligned}$$

Die Integration dieses Ausdrucks von $0-\lambda$ ergiebt:

$$(30)\quad \int_0^\lambda \frac{dx\int X\delta x}{\sqrt{1-x^2}} = \frac{\sin^2\varphi}{\cos\varphi}\int_0^\lambda \frac{d\lambda}{\sqrt{1-\frac{\sin^2\varDelta}{\cos^2\varphi}\sin^2\lambda}}$$

$$-\frac{\sin^2\varphi\cdot\cos^2\varDelta}{\cos\varphi}\int_0^\lambda \frac{d\lambda}{(1-\sin^2\varDelta\sin^2\lambda)\sqrt{1-\frac{\sin^2\varDelta}{\cos^2\varphi}\sin^2\lambda}}.$$

Wir gehen jetzt zum zweiten Integral der Formel (25):

$$-\int_0^\lambda \mathrm{tg}H\sin\varphi\sin\delta d\lambda \text{ oder } -\int_0^\lambda \mathrm{tg}H\sin\varphi\sin\varDelta\sin\lambda d\lambda.$$

Wir kennen $\cos H = -\mathrm{tg}\varphi\,\mathrm{tg}\delta$ und daher $\mathrm{tg}H = \frac{\sqrt{1-\mathrm{tg}^2\varphi\cdot\mathrm{tg}^2\delta}}{\mathrm{tg}\varphi\,\mathrm{tg}\delta}$, und da $\mathrm{tg}\delta = \frac{\sin\varDelta\sin\lambda}{\sqrt{1-\sin^2\varDelta\sin^2\lambda}}$, so haben wir:

$$(31)\quad \mathrm{tg}H = \frac{\sqrt{1-\sin^2\varDelta\sin^2\lambda-\mathrm{tg}^2\varphi\sin^2\varDelta\sin^2\lambda}}{\mathrm{tg}\varphi\cdot\sin\varDelta\sin\lambda}.$$

Führen wir diesen Werth für $\mathrm{tg}H$ ein, so erhält das Integral die Form:

$$\cos\varphi\int_0^\lambda d\lambda\sqrt{1-\frac{\sin^2\varDelta}{\cos^2\varphi}\sin^2\lambda}.$$

Wir vereinigen alle Theile des gesuchten Integrals in eine Summe:

$$(32)\quad \int_0^\lambda \frac{J}{2A}d\lambda = \sin\varphi\sin\varDelta\left(\frac{\pi}{2}-H\cos\lambda\right)+\frac{\sin_2\varphi}{\cos\varphi}\int_0^\lambda\frac{d\lambda}{\sqrt{1-\frac{\sin^2\varDelta}{\cos\varphi}\sin^2\lambda}}$$

$$+\cos\varphi\int_0^\lambda d\lambda\sqrt{1-\frac{\sin^2\varDelta}{\cos^2\varphi}\sin^2\lambda}$$

$$-\frac{\sin^2\varphi\cos^2\varDelta}{\cos\varphi}\int_0^\lambda\frac{d\lambda}{(1-\sin^2\varDelta\sin^2\lambda)\sqrt{1-\frac{\sin^2\varDelta}{\cos\varphi}\sin^2\lambda}}.$$

Dies ist ein bestimmtes Integral mit 3 elliptischen Functionen F, E und Π der I., II. und III. Art nach Legendre's Bezeichnung. Meech und Wiener (a. a. O. Formel 12), welche zu ganz entsprechenden Ausdrücken gelangt sind, haben mit Hülfe der elliptischen Tafeln von Legendre den Werth von J für die verschiedenen Breiten berechnet, Meech nur für das ganze Jahr, Wiener auch für verschiedene Perioden des Jahres. Ich lasse hier die von Wiener gefundenen Zahlen folgen,. in welchen als Einheit die Wärmemenge angenommen ist, welche im Laufe des Jahres eine Flächeneinheit empfangen würde, auf welche die Sonnenstrahlen stets senkrecht einfallen. Er theilt das Jahr in 8 Theile nach der Länge der Sonne in der Ekliptik.

Tabelle V.

Wärmemenge, welche im Laufe des Jahres aufgenommen wird.

Nördliche Halbkugel. Breiten.	Längen der Sonne in der Ekliptik. 90–135° 90–45°	135–180° 0–45°	180–225° 315–360°	225–270° 270–315°
0°	0,03712	0,03921	0,03921	0,03712
10°	04053	04025	03703	03275
20°	04288	04010	03375	02756
30°	04410	03882	02954	02170
40°	04434	03633	02440	01554
50°	04356	03290	01858	00934
60°	04233	02853	01243	00355
70°	04216	02377	00633	00006
80°	04413	01981	00154	00000
90°	04480	01856	00000	00000

Für die südliche Halbkugel sind zu den Längen 180° zu addiren. Durch Zusammenfassung der entsprechenden Zahlen dieser Tabelle erhält man die Werthe für die Vierteljahre und Halbjahre. Ich lasse dieselben für das Sommerhalbjahr und Winterhalbjahr, sowie die Summe für das ganze Jahr hier folgen.

Tabelle VI.

Aufgenommene Wärme.

Breiten.	Sommer.	Winter.	Jahr.
0°	0,15266	0,15266	0,30532
10°	16156	13956	30112
20°	16596	12262	28858
30°	16584	10248	26832
40°	16134	07988	24122
50°	15292	05584	20876
60°	14172	03196	17368
70°	13186	01278	14464
80°	12788	00308	13096
90°	12672	00000	12672

Diese Tabelle gleicht der Tabelle III. Sie zeigt uns, dass die Breite von 50° während ihres Sommers ebensoviel Wärme empfängt, wie zu derselben Zeit der Aequator, und dass während ihres Sommers die Breite von 10° derjenigen von 40°, die von 20° derjenigen von 30° entspricht. Das Maximum findet sich bei 25°. Im Winter nimmt die Wärmemenge am schnellsten zwischen 30° und 60° Breite ab.

Physikalischer Theil.

IV. Die Einwirkung der Atmosphäre.

(Ueberblick.)

Die Atmosphäre umhüllt den Erdball wie ein Mantel. Sie nimmt den Sonnenstrahlen einen Theil ihrer Energie, aber sie führt einen Theil derselben der Erdoberfläche wieder zu. Die Abschwächung der Sonnenstrahlen soll im Cap. V dieser Arbeit behandelt werden, die Zurückgabe in den folgenden Capiteln.

Die Abschwächung wird theilweise durch moleculare Absorption, theilweise durch Reflexion und Refraction bewirkt. Die absorbirte Energie verstärkt die Energie der Luftmolecüle, d. h. ihre Temperatur. Ihre Wärme verbreitet sich von Neuem durch eine secundäre Strahlung, welche in diesem Falle gleichmässig nach allen Richtungen stattfindet, aber mit einer Veränderung der Wellenlänge verbunden ist.

Denn im Allgemeinen darf man annehmen, dass die von den Lufttheilchen ausgesandten Strahlen von grösserer Wellenlänge sind, als die absorbirten. Der Wärmeeffect ist in beiden Fällen derselbe, die Energie bleibt unverändert durch die Absorption und durch den Wechsel der Wellenlänge. Nur die Eigenschaften der Strahlen werden verändert. Einige von ihnen hören auf sichtbar zu sein oder eine chemische Wirkung auf Silbersalze auszuüben. Deswegen sind bei Bestimmung des Verhältnisses zwischen absorbirten und reflectirten Strahlen die optischen und photographischen Beobachtungen von besonderer Wichtigkeit. Es wäre aber wohl möglich, dass auch unter den von den Lufttheilchen ausgesandten Strahlen sichtbare oder chemisch active enthalten wären, z. B. das Himmelblau. Bei dieser Annahme müsste man der atmosphärischen Luft die Eigenschaft der Fluorescenz beilegen. Das Fluorescenzlicht würde stets natürliches, unpolarisirtes Licht sein; und in der That scheint es, als ob selbst in dem Kreise grösster atmosphärischer Polarisation, welcher in 90° Abstand von der Sonne liegt, stets ein Rest von ungefähr 20% unpolarisirten Lichts vorhanden sei. Doch ist diese Frage hier, wo es sich nur um die Wärmewirkung der Strahlen handelt, nicht von Bedeutung.

Der andre Theil der Energie, welcher den Sonnenstrahlen durch Reflexion und zum kleineren Theile durch Refraction entzogen wird, behält seine Wellenlänge und die davon abhängigen Eigenschaften bei. Er vertheilt sich in der Atmosphäre nicht gleichmässig nach allen Seiten, sondern nach Maassgabe der optischen Gesetze und kommt endlich am Erdboden oder an der oberen Grenze der Atmosphäre an. Es ist dies auch eine secundäre Strahlung, in der die Strahlen auf ihrem Wege durch Reflexion und Absorption geschwächt werden, welche nunmehr eine zwiefache tertiäre Strahlung verursachen. Von Neuem vertheilen sich die absorbirten Energien gleichmässig nach allen Richtungen, während die reflectirten den optischen Gesetzen folgen. Dies wiederholt sich noch öfter mit immer abnehmenden Mengen. Wir kennen diese Erscheinung als die Strahlung der Atmosphäre.

Will man also den Einfluss der Atmosphäre auf die Sonnenstrahlen beachten, so genügt es nicht, ihre Abschwächung zu berechnen, sondern man muss auch die Wiedergabe eines Theils ihrer Energie durch die atmosphärische Strahlung berücksichtigen. Mehr noch: der klimatologische Standpunkt, welcher in der aufgestellten Frage festgehalten ist, erfordert es, die Berechnung auch auf diejenigen Strahlen auszudehnen, welche schon den Erdboden berührt haben, aber ohne absorbirt zu sein von ihm reflectirt wurden.

Ich folge in dieser Frage der ausgezeichneten Arbeit, welche Clausius schon im Jahre 1847 über das atmosphärische Licht veröffentlicht hat. Da aber die Wärmestrahlung nicht in allen Punkten denselben Bedingungen unterliegt, wie die Lichtwirkung, so wird die Berechnung sich in manchen Beziehungen wesentlich anders gestalten.

V. Die Abschwächung der Sonnenstrahlen in der Atmosphäre.

A. Die einfachen Strahlungen.

Ehe die Sonnenstrahlen den Erdboden berühren, müssen sie die Atmosphäre durchwandern. Der in der Luft durchlaufene Weg ist ungefähr umgekehrt proportional dem Sinus der scheinbaren Höhe der Sonne über dem Horizont oder dem Cosinus ihrer Zenithdistanz (z). Diese Proportion wäre streng richtig, wenn die Erdoberfläche eben wäre und die atmosphärischen Schichten ihr parallel. Da aber die Erde rund und ihre Oberfläche sammt den Schichten gleichen Luftdrucks gekrümmt ist, so findet man durch eine einfache trigonometrische Rechnung für die Länge des Luftwegs der Sonnenstrahlen nach der Lambert'schen Formel den Ausdruck:

$$\varepsilon = \sqrt{1 + 2r + r^2 \cos^2 z} - r \cos z, \tag{35}$$

worin r den Halbmesser der Erde angiebt, gemessen in Einheiten gleich der senkrechten Höhe der Atmosphäre.

Die Atmosphäre ist eine nicht absolut durchsichtige Masse. Jedes Lufttheilchen hält einen Theil der Strahlen, die es berühren, oder vielmehr einen Theil ihrer Energie zurück. In jedem berührten Theilchen wiederholt sich diese Abschwächung der Energie im Verhältniss zu ihrem Betrag oder zu dem Reste der Energie. Nennt man das Verhältniss zwischen der ursprünglichen Energie (1) eines Bündels Sonnenstrahlen und derjenigen, welche übrig bleibt nach Durchmessung einer Einheit von Luftmolecülen (β), so wird sie nach einer zweiten Einheit von Luftmolecülen $= \beta^2$ sein, nach einer dritten $= \beta^3$ u. s. w. Kurz: die Energie eines Strahls bildet eine abnehmende geometrische Reihe, während die durchmessenen Luftmassen eine arithmetische bilden.

Das Verhältniss der von einem Strahlenbündel übrig gebliebenen Energie, welches senkrecht die Atmosphäre bis zur Meeresoberfläche durchmessen hat (dies sei die Einheit des Luftwegs) — zu der ursprünglichen Energie (A), wird als Transparenzcoëfficient (p) bezeichnet, welcher auch in der Form e^{-b} ausgedrückt werden kann, worin e die Basis der natürlichen Logarithmen und b eine Constante ausdrückt. Für den Weg durch eine Luftmasse (ε) wird also die übrig bleibende Energie oder Intensität sein:

$$J\varepsilon = Ap^{\varepsilon} = Ae^{-b\varepsilon}. \tag{34}$$

Bei vertikal einfallenden Strahlen wird die Luftmasse durch das Barometer gemessen, bei geneigten Strahlen auch durch das Barometer, aber in Verbindung mit der Lambert-schen Formel. Indessen die Resultate dieser Formel sind variabel je nach den Annahmen, die man über die Höhe der Atmosphäre macht. Aus der Beobachtung der Dämmerungen findet man sie auf etwa 80 km und Pouillet hat daher diese Höhe in die Lambert'sche Formel eingesetzt, indem er $r = 80$ setzte (der Erdradius ist beinahe $= 6400$ km). Aber mit Unrecht; denn es handelt sich hier nicht um die grösste Höhe der letzten Spuren von Reflexion und Absorption der Sonnenstrahlen, sondern um die Abschwächung, welche durch die gesammten von den Strahlen berührten Luftmolecüle bewirkt wird. Die Mehrzahl dieser Molecüle befindet sich in den unteren Schichten der Atmosphäre, zusammengedrängt nach dem Mariotte'schen Gesetz. Man muss eine solche Mittelhöhe suchen, dass die unvermeidlichen Fehler in den unteren verdichteten Luftschichten ausgeglichen werden durch diejenigen in den oberen und weniger dichten Luftschichten. Diese mittlere Höhe dürfte nahe derjenigen sein, wo der Luftdruck halb so gross ist wie im Meeresniveau, d. h. = 380 mm Quecksilber. Diese Höhe befindet sich nahe 5500 m über dem Meeresspiegel und deswegen hat Radau für die Lambert'sche Formel die Höhe der Atmosphäre auf ungefähr die doppelte Höhe, d. h. auf 10000 m Höhe, angenommen und dem entsprechend $r = 630$ gesetzt.

Die nach dieser Annahme berechneten Werthe von (ε) stehen mit den von Poisson in seinen Untersuchungen über die atmosphärische Refraction in guter Uebereinstimmung. Man könnte meinen, dass dies eine gegenseitige Bestätigung sei. Aber nein! Die atmosphärische Refraction wird allein oder doch überwiegend durch die trockne Luft bewirkt; der Wasserdampf und der Staub sind nur von secundärem Einfluss darauf. Ganz anders für die Abschwächung der Sonnenstrahlen. Violle schätzt nach seinen Beobachtungen den Einfluss des Wasserdampfes 200-fach so gross wie den einer gleichen Masse trockner Luft. Langley (Researches on Solar Heat p. 143) zeigt in einer Tabelle, dass für die meisten Strahlen die Transmissionscoëfficienten mit der Erhebung in der Atmosphäre wachsen. Herm. Schlagintweit und Wild haben durch eigene Methoden bewiesen, dass in den Alpen die Abschwächung des Lichts in den Thälern stärker ist als in grösseren Höhen. Der grössere Theil der Abschwächung vollzieht sich daher unterhalb der schon gefundenen Mittelschicht; denn der Wasserdampf und der Staub werden zumeist in den untersten Schichten der Atmosphäre schwebend erhalten. In Rücksicht hierauf muss man — für die Lambert'sche Formel — eine noch geringere Höhe der Atmosphäre, als die von Radau adoptirte, annehmen. Ich glaube, man darf $r = 1000$ setzen.

Ich lasse hier eine Tabelle folgen, welche Radau (Actinométrie p. 22) zusammengestellt hat, um die Unterschiede der nach den verschiedenen Methoden berechneten Luftwege zu zeigen. Ich habe sie durch eine letzte Colonne ergänzt, welche berechnet ist unter der Annahme, dass das r der Lambert'schen Formel = 1000 sei.

Tabelle VII.

Relative Weglängen durch die Luft.

Zenith-abstand z	$\sec\cdot z$	Forbes	Bouguer	Radau $r=630$	Pouillet $r=80$	Lambert'sche Formel $r=1000$
0°	1,000	1,000	1,000	1,000	1,00	1,000
10°	1,015	1,016	1,015	1,015	1,02	1,016
20°	1,064	1,065	1,064	1,064	1,06	1,065
30°	1,155	1,156	1,155	1,153	1,15	1,155
40°	1,305	1,306	1,305	1,303	1,30	1,306
50°	1,556	1,555	1,556	1,553	1,54	1,556
60°	2,000	1,995	1,990	1,995	1,96	2,000
70°	2,924	2,902	2,900	2,906	2,80	2,920
75°	3,864	3,809	3,805	3,822	3,58	3,840
80°	5,76	5,57	5,56	5,62	4,92	5,67
85°	11,47	10,22	10,20	10,48	7,51	10,82
90°	∞	35,5	35,5	35,5	12,7	44,73

Die Unterschiede der nach den verschiedenen Methoden berechneten Grössen treten nur in der Nähe des Horizonts hervor. Bei 1° scheinbarer Sonnenhöhe findet man die Länge des Strahlenwegs durch die Luft nach Pouillet = 11,4, nach Radau = 26,2, nach unserer Annahme = 32,8 und nach der Secante des Zenithabstands = 57,3, wobei die Einheit stets die Verticale ist. Aber selbst bei 1° Höhe sind die Unterschiede der Wärmewirkungen auf den Erdboden minimal. Die Energien berechnen sich für diesen Einfallswinkel, den Transparenzcoëfficienten = 0,75 angenommen, nach Pouillet = 0,000628, nach Radau = 0,000009, nach unsrer Annahme = 0,000001 und nach der Secante noch kleiner. Radau zieht daraus ganz richtig den Schluss, dass „in der Praxis man keinen merklichen Fehler begehen wird, wenn man immer einfach $\varepsilon = \sec \cdot z$ macht".

Man kann die Sonnenstrahlung durch mancherlei verschiedene Apparate messen, so durch geschwärzte Thermometer in der Luft oder im leeren Raum, durch das Pyrheliometer von Pouillet, durch das Kugelactinometer von Violle und die thermoelectrischen Apparate von Crova, Langley, Frölich und Angström. Findet man nun in zwei Versuchen für die Energie der senkrecht gegen den Apparat einfallenden Sonnenstrahlen verschiedene Werthe im Verhältniss von m und Wegunterschiede in der Luft $\varepsilon - \varepsilon_1 = n$, so erhält man p, indem man $p^n = m$ setzt oder $\log p = \frac{\log m}{n}$. Je grösser die Zahl der Beobachtungen an demselben Tage ist, desto mehr werden sich die Berechnungen unter einander corrigiren. Hat man den Transparenzcoëfficienten gefunden, so kann man die ursprüngliche Intensität der Strahlen berechnen, diejenige nämlich, die sie vor Eintritt in die Atmosphäre gehabt hatten. Doch stellen sich dem, wie wir sogleich sehen werden, bedeutende Hindernisse entgegen.

B. Die zusammengesetzten Strahlungen.

Die Transparenz der Atmosphäre wechselt von einem Tage zum anderen und oft schon wesentlich während desselben Tags. Man muss daher zu Beobachtungen die klarsten Tage auswählen, damit sie unter sich vergleichbar seien. Aber trotz aller Vorkehrungen und der Wahl des besten Wetters gestatten die Beobachtungen doch keine sichere Berechnung des Transparenzcoëfficienten und der ursprünglichen Intensität. Die Coëfficienten wachsen mit der Zenithdistanz der Sonne, d. h. mit der Länge des Strahlenwegs durch die Luft, während die Sonnenconstanten abnehmen.

Als Beispiel diene eine Beobachtungsreihe von Pouillet, welche er „unter guten Verhältnissen" am 11. Mai 1838 mit seinem Pyrheliometer erhalten hat.

Stunde	ε	J (beob.)	Coëfficient p
Mittag	1,164	1,338	673
2 N.	1,29	1,273	789
4 „	1,90	1,102	814
5 „	2,58	0,958	830
6 „	4,20	0,708	

Die Verschiedenheiten von p würden wesentlich geringer sein, wenn man die Strahlenwege durch die Luft in der Nähe des Horizonts verkürzte, d. h. wenn man den Werth von r nach Pouillet annähme. Deswegen konnte Pouillet sich einer guten Uebereinstimmung erfreuen zwischen seinen Beobachtungen und der Theorie und von der Sicherheit seiner Resultate sprechen.

Hagen aus Königsberg, der zu Madeira nahe bei Funchal beobachtete, hatte sogar die Idee, aus seinen beiden besten Beobachtungsreihen die Höhe der Atmosphäre zu berechnen. Er fand sie niedriger, als Pouillet sie angenommen hatte, nämlich zu 0,0058 des Erdradius gleich 37,2 km.

Man könnte in der That, wenn man nur eine passende Höhe der Atmosphäre annähme, das Abweichen der Beobachtungen von der Theorie verbergen. Aber diese Möglichkeit wäre nicht zu gestatten. Man würde zwei Dinge mit einander vermengen, die im Gegentheil scharf gesondert bleiben müssen, wenn man Fehler vermeiden will. Um den Einfluss der Atmosphäre auf die Sonnenstrahlen zu untersuchen, muss man vor Allem die Atmosphäre so nehmen, wie sie ist. Nur auf diesem Wege wird man dahin gelangen, die Besonderheiten der atmosphärischen Absorption zu erkennen.

Zum grossen Theil, wenn nicht ausschliesslich, ist der Grund dieser Unterschiede von p in der Vielfältigkeit der Strahlungen zu suchen. Schon viele Beobachter haben darauf hingewiesen, dafs es sich hier nicht um eine einfache Strahlung handelt, sondern um eine sehr zusammengesetzte. In den Strahlenbündeln, welche zugleich auf 1 Quadratcentimeter fallen, finden sich grosse Verschiedenheiten, sowohl was die Wellenlänge als was den Transparenzcoëfficienten anbetrifft. Während für einen einfachen Strahl die Bouguersche Formel (34) $J_\varepsilon = Ap^\varepsilon$ ergiebt, so würde man für die Gesammtheit der Sonnenstrahlen haben:

$$(35) \qquad J_\varepsilon = Ap^\varepsilon + A_1 p_1^\varepsilon + A_2 p_2^\varepsilon + \ldots,$$

worin die A und die p sehr wechselnde Werthe haben können.

Radau hat, um den Zwiespalt der Beobachtungen aufzuheben, die Idee gehabt, die Sonnenstrahlen in zwei Gruppen zu scheiden, deren eine den Coëfficienten $= 1$, die andere $= {}^2/_3$ haben soll. Er sagt darüber (Actinometrie p. 25):

„Die Berechnung zahlreicher Beobachtungsreihen hat mir bewiesen, dass man in den meisten Fällen sich mit zwei Gliedern begnügen kann, deren eins die dunkle, das andere die leuchtende Wärme darstellt, und da die letztere sehr wenig absorbirt wird, so kann man ihm den Coëfficienten 1 beilegen, während der Transparenzcoëfficient des ersten Gliedes kleiner sein muss als der mittlere, z. B. $p = \frac{2}{3}$. Dann wird die Intensität der durchgelassenen Strahlen gegeben durch die folgende einfache Formel:

(36) $$J = A_0 + A_1\,(^2/_3)^\varepsilon,$$

die ursprüngliche Intensität ist $= A_0 + A_1$ und die vertical durchgelassene Wärmemenge $= A_0 + {^2/_3}\,A_1$." Er nimmt dabei im Allgemeinen $A_1 = 3A_0$; aber er kann auch diese Constanten aus den Beobachtungen selbst berechnen. Dann ist natürlich die Uebereinstimmung der beobachteten und der berechneten Intensitäten sehr befriedigend, aber auch ohne dies sind die Differenzen nicht zu gross.

Indessen, wie gut auch diese Idee für die Rechnung sei, sie ist nicht naturgemäss. Die Sonnenstrahlung enthält nicht zwei Gruppen von Strahlen, sondern unendlich viele, deren jeder von dem anderen unterschieden ist. Die Annahme des Transparenzcoëfficienten 1 für den vierten Theil der Strahlen bringt unvermeidlich Irrthümer mit sich. Die Verbindung der sichtbaren Strahlen mit diesem Coëfficienten ist nicht glücklich, denn Langley hat nachgewiesen, dass im Allgemeinen die Strahlen von kürzerer Wellenlänge mehr durch die Atmosphäre abgeschwächt werden, als die von grösserer Wellenlänge. Müller in Potsdam, der sehr sorgfältig die Lichtstärken mehrerer Fixsterne studirte, fand den Transparenzcoëfficienten $p = 0{,}825$ (Publicationen des astrophysikal. Observatoriums zu Potsdam 1883 p. 291) und Seidel in München hat 0,794 gefunden (Untersuchungen über die gegenseitigen Helligkeiten der Fixsterne I. Grösse und über die Extinction in der Atmosphäre); von beiden die Mittelzahl $= 0{,}810$. Der mittlere Coëfficient der Wärmestrahlen ist, wie es scheint, $= 0{,}75$. Diese Zahlen bestätigen zwar nicht die Behauptung Langley's, doch scheint es, dass dies nur daher rührt, weil in einzelnen Theilen des ultrarothen Spectrums („kalte Banden") eine selective Absorption stattfindet und daher die Gesammtuntersuchung des ultrarothen Spectrums ein anderes Resultat liefert, als die Untersuchung der einzelnen Strahlen, wie sie Langley mit seinem Bolometer ausgeführt hat (s. unten Tabelle XI S. 41). Mit einem Worte: die Methode von Radau ist sehr gut für die erste Berechnung, aber für die Wissenschaft muss man nach Besserem suchen. Die eignen Worte des Herrn Radau sind (Actinometrie p. 29): „Die einzigen Formeln, die etwas nützen, sind diejenigen, deren Constanten eine physikalische Deutung erlauben."

Wir kommen zu Langley. Dieser Autor betont vorzüglich, dass es sich hier um eine ununterbrochene Reihe von Strahlen handelt und von Transparenzcoëfficienten, die von 1 anfangen und bei 0 endigen. Indem er die mittleren Intensitäten von Strahlenbündeln berechnet, welche aus Strahlen von verschiedenen Transparenzcoëfficienten zusammengesetzt sind, zeigt er, wie die mittleren Coëfficienten mit der Länge der Wege durch die Luft wachsen. Er behauptet sogar, dass die Sonnenconstante wesentlich grösser sein könne, als sie bisher von den Physikern berechnet worden ist, und stellt, um dies anschaulich zu machen, folgende Tabelle auf:

Tabelle IX. (nach Langley).

A Ursprüngliche Intensität	J nach 1maliger Absorption	J nach 2maliger Absorption	J nach 3maliger Absorption	J nach 4maliger Absorption
1	0,01	0,0001	0,000	0,0000
1	0,1	0,01	0,001	0,0001
1	0,2	0,04	0,008	0,0016
1	0,6	0,36	0,216	0,1296
1	0,7	0,49	0,343	0,2401
1	0,7	0,49	0,343	0,2401
1	0,8	0,64	0,512	0,4096
1	0,9	0,81	0,729	0,6561
1	0,9	0,81	0,729	0,6561
1	1,0	1,00	1,000	1,0000
10	5,91	4,65	3,881	3,3333

Die Verhältnisse (p) dieser Intensitäten sind:

0,591 0,787 0,835 0,859

(Langley, in dem Philosophical Magazine (5) tome XVIII 1884).

Hiernach kann also die Sonnenconstante $A = \frac{1}{0,591} J_1$ sein, wenn auch die weiteren p Werthe haben, die der Einheit wesentlich näher liegen als 0,591. Das Anwachsen derselben ist, wie man deutlich erkennt, eine Folge der Zusammensetzung des Strahlenbündels und namentlich der Annahme solcher Strahlenmengen, die schon durch die erste Absorption fast gänzlich verschwinden.

Ob aber in Wirklichkeit diese Strahlen vorhanden sind, hat noch durch keine Beobachtung erwiesen werden können. Strahlen, welche ihre Energie so schnell an die Luft abgeben, wie die in den ersten drei Zeilen angenommenen, sind — bisher wenigstens — der Untersuchung unzugänglich gewesen. Die Annahme derselben beruht daher auch nicht auf Thatsachen, sondern auf theoretischen Erwägungen. Die eine derselben ist schon oben angegeben und besagt, dass in der unendlichen Reihe der Sonnenstrahlen jeder Transparenzcoëfficient gleichviel Wahrscheinlichkeit habe, vorzukommen; die andre bezieht sich auf eine Frage des Wärmehaushalts der Erde. Langley sagt darüber (Researches on Solar Heat 1884 p. 123):

„I believe that if the atmosphere were wholly removed, the temperature of the earth, under the direct solar rays, would not be greatly more than — 225° C., and that the same result would follow if the earth, while still retaining that atmosphere, were deprived of the power of selective absorption which it now possesses.“ *)

Ein wichtiger Schritt zur Lösung dieser Frage würde es sein, wenn es gelänge — wozu Langley die Hoffnung ausspricht,

*) „Ich meine, dass wenn die Atmosphäre nicht vorhanden wäre, die Temperatur der Erde unter den directen Sonnenstrahlen nicht viel höher sein würde als — 225° C., und dass dasselbe Resultat eintreten würde, wenn die Erde zwar die Atmosphäre behielte, aber das Vermögen zur selectiven Absorption, welches sie jetzt besitzt, verlöre.“

(s. oben S. 4) — die Natur und Entstehung der sogenannten „kalten Banden“ im ultrarothen Theile des Sonnenspectrums festzustellen. Uebrigens müsste diese hypothetische Wärmemenge, wenn sie schon in den obersten Luftschichten absorbirt würde, fast ausschliesslich den mittleren und polaren Zonen zu Gute kommen. Die durch die Energie der absorbirten Sonnenstrahlen erwärmte Luft der äquinoxialen Zonen würde bald durch die allgemeine Circulation der Atmosphäre nach N. und S. entführt werden. Vielleicht, dass in dem klimatologischen Theil dieser Arbeit (s. Tabelle XVIII u. f.) eine Bestätigung hiefür gefunden werden könnte; bei Berechnungen aber muss dieser von Langley angenommene Theil der atmosphärischen Absorption vorläufig noch unberücksichtigt bleiben.

C. Theorie und Berechnung der zusammengesetzten Strahlungen.

Es sei hier meine Aufgabe, die Frage von der Abschwächung der zusammengesetzten Strahlungen in etwas grösserer Allgemeinheit theoretisch zu behandeln. Auch ich muss dazu wieder einige Hypothesen machen, die eine allgemeiner, die anderen specieller Natur. Die erstere ist, dass die Transparenzcoëfficienten des Strahlenbündels eine ununterbrochene Reihe bilden. Die speciellen Hypothesen haben die Vertheilung der Energien auf die verschiedenen Coëfficienten zum Gegenstand. Solche Annahmen sind: 1) die Vertheilung sei eine gleichmässige, d. h. für jeden Coëfficienten zwischen 0 und 1 sei die Energie der Strahlen dieselbe; 2) die Vertheilung sei eine ungleichmässige, aber die Menge der Strahlen, die auf einen bestimmten Coëfficienten fallen, sei eine Function des Coëfficienten selbst. Diese Hypothese ist eine durchaus natürliche; denn sicherlich ist die Energie der Sonnenstrahlen, wie auch ihr Transparenzcoëfficient, eine Function der Wellenlänge. Sei $F(p)$ die Energie der Strahlen, welche den Coëfficienten (p) haben. Stellen wir uns nun vor, dass die Coëfficienten (p) durch differentielle Zuwächse von 0 bis 1 anwachsen, so wird auch die Summe der einfallenden Strahlen anwachsen, und wir haben also:

$$dJ = F(p)\, p^{\varepsilon}\, dp, \tag{37}$$

wobei J die Energie des Gesammtbündels bezeichnet, und

$$J_{\varepsilon} = \int_{p=0}^{p=1} F(p)\, p^{\varepsilon}\, dp. \tag{38}$$

Die einfachsten Fälle, auf die allein wir eingehen wollen, sind nun diejenigen, in denen $F(p)$ eine Potenz von (p) ist und diese Hypothese umfasst auch die erste als speciellen Fall, in welchem die Potenz die 0te wäre. Sei die Energie der Strahlen eines jeden Coëfficienten $= p^{x}$, so haben wir

$$dJ_{\varepsilon} = p^{\varepsilon + x}\, dp.$$

Diese Formel giebt integrirt:

$$J_{\varepsilon} = \frac{p^{\varepsilon + x + 1}}{\varepsilon + x + 1}, \tag{39}$$

meist von $p = 0$ bis $p = 1$ zu nehmen, aber auch in speciellen Fällen zwischen engeren Grenzen. Im ersteren Falle erhalten wir $J_{\varepsilon} = \dfrac{1}{\varepsilon + x + 1}$. Setzen wir nun $\varepsilon = 0$, so finden wir die ursprüngliche Intensität des Strahlenbündels, welche wir als Einheit nehmen müssen. Dann wird schliesslich

$$J_{\varepsilon} = \frac{1 + x}{1 + x + \varepsilon}. \tag{40}$$

Nach dieser Formel können wir mit Leichtigkeit die verschiedenen Fälle, die in unsrer Hypothese enthalten sind, behandeln:

Sei $x = 0$, d. h. die Vertheilung der Energien gleichmässig, ausdrückbar durch eine horizontale Linie, so ist

$$\text{a)}\quad J_{\varepsilon} = \frac{1}{1 + \varepsilon}.$$

Machen wir $x = 0{,}5$, so bilden die Energien eine krumme Linie, ähnlich einem Quadranten. Dann ist

$$\text{b)}\ J_\varepsilon = \frac{3}{3 + 2\varepsilon}.$$

Sollen die Energien eine schräg aufsteigende gerade Linie bilden, so muss $x = 1$ sein und es wird

$$\text{c)}\ J_\varepsilon = \frac{2}{2 + \varepsilon}.$$

Steigen die Potenzen auf $^3/_2$ oder höher, so steigen die Curven zunächst der Einheit steiler empor und die Formeln werden:

$$\text{d)}\ J_\varepsilon = \frac{5}{5 + 2\varepsilon}; \quad \text{e)}\ J_\varepsilon = \frac{3}{3 + \varepsilon} \quad \text{u. s. w.}$$

Der Coëfficient (p) ist, wie man sieht, aus diesen Formeln gänzlich verschwunden und zwar einfach aus dem Grunde, weil es sich immer um die ganze Reihe von 0 bis 1 handelt. Aber wir können ein neues (p) berechnen, indem wir den Werth von J_ε durch den von $J_{\varepsilon - 1}$ dividiren. Dann erhalten wir allgemein:

$$(41) \qquad p_\varepsilon = \frac{x + \varepsilon}{1 + x + \varepsilon}.$$

Doch, wie ich schon sagte, wir können das p in der Formel (39) auch zwischen engeren Grenzen nehmen, z. B. zwischen p_1 und p_2. Dann ist

$$(42) \qquad J_\varepsilon = \frac{p_1^{1+x+\varepsilon} - p_2^{1+x+\varepsilon}}{p_1^{1+x} - p_2^{1+x}} \; \frac{x + 1}{1 + x + \varepsilon};$$

und wenn $p_1 = 1$ ist, so wird:

$$(43) \qquad J_\varepsilon = \frac{1 - p_2^{1+x+\varepsilon}}{1 - p_2^{1+x}} \; \frac{x + 1}{1 + x + \varepsilon}.$$

Diese Formel wird noch weiter vereinfacht durch Einführung bestimmter Grössen für x. Wenn $x = 0$ und dann $= 1$ ist, so erhält man

$$J_\varepsilon = \frac{1 - p_2^{1+\varepsilon}}{(1 + \varepsilon)(1 - p_2)}$$

$$\text{und}\ J_\varepsilon = \frac{2 - p_2^{2+\varepsilon}}{(2 + \varepsilon)(1 - p_2)} \quad \text{u. s. f.}$$

Ich lasse hier in Tabelle Xa. und b. die Werthe von J und von p folgen, welche sich aus den Formeln (40a bis e) ergeben und will damit die Werthe, welche sich aus der Radau'schen Formel $J = 0{,}5 + 1{,}5p^{\varepsilon}$, wo $p = {}^2/_3$ ist, ableiten lassen, vergleichen.

Tabelle Xa.

Intensitäten und Coëfficienten.

	J				p			
ε	$x = \lambda \pm 0$	1	$1^1/_2$	2...;	0	1	$1^1/_2$	2
0	1	1	1	1	$^1/_2$	$^2/_3$	$^5/_7$	$^3/_4$
1	$^1/_2$	$^2/_3$	$^5/_7$	$^3/_4$	$^2/_3$	$^3/_4$	$^7/_9$	$^4/_5$
2	$^1/_3$	$^2/_4$	$^5/_9$	$^3/_5$	$^3/_4$	$^4/_5$	$^9/_{11}$	$^5/_6$
3	$^1/_4$	$^2/_5$	$^5/_{11}$	$^3/_6$	$^4/_5$	$^5/_6$	$^{11}/_{13}$	$^6/_7$
4	$^1/_5$	$^2/_6$	$^5/_{13}$	$^3/_7$	$^5/_6$	$^6/_7$	$^{13}/_{15}$	$^7/_8$
5	$^1/_6$	$^2/_7$	$^5/_{15}$	$^3/_8$				

Die Radau'schen Werthe schliessen sich am meisten einer Reihe an, in welcher $x = 1^3/_4$ gesetzt ist.

Tabelle Xb.

Vergleichung mit den Radau'schen Werthen.

ε	$x = 1^3/_4$	J	Nach Radau	Diff.	$x = 1^3/_4$	p	Nach Radau	Diff.
0	1	= 1,000	1,000	0	$^{11}/_{15}$	= 0,733	0,750	+17
1	$^{11}/_{15}$	= 0,733	0,750	+17	$^{15}/_{19}$	= 0,789	0,778	−11
2	$^{11}/_{19}$	= 0,579	0,583	+ 4	$^{19}/_{23}$	= 0,826	0,809	−17
3	$^{11}/_{23}$	= 0,478	0,472	− 5	$^{23}/_{27}$	= 0,852	0,843	− 9
4	$^{11}/_{27}$	= 0,407	0,398	− 9	$^{27}/_{31}$	= 0,871	0,877	+ 6
5	$^{11}/_{31}$	= 0,355	0,349	− 6				

Endlich habe ich versucht, ohne alle Hypothesen die Abschwächung der Strahlen in der Luft zu berechnen, indem ich die spectrobolometrischen Messungen von Langley zur Grundlage nahm (Researches on Solar Heat, table 120 IX und 123, mit der graphischen Darstellung in Pl. XV). Doch fand ich dabei über Erwarten Schwierigkeiten und meine Resultate sind daher nicht so genau, wie ich wohl gewünscht hätte.

Langley giebt in seiner Tabelle 123 p. 151 die Transmissionscoëfficienten für die verschiedenen Strahlen des Spectrums, zuerst die Resultate der einzelnen Tage, dann den Werth (a), der schliesslich für die Strahlen von den verschiedenen Wellenlängen (λ) adoptirt worden ist. Man sehe:

$$\begin{cases} \lambda = 0^{\mu},358 & 0,383 & 0,416 & 0,440 & 0,468 & 0,550 & 0,615 \\ a = 0,449 & 0,531 & 0,600 & 0,636 & 0,677 & 0,734 & 0,781 \end{cases}$$

$$\begin{cases} \lambda = 0^{\mu},781 & 0,870 & 1,01 & 1,20 & 1,50 & 2,29 \\ a = 0,844 & 0,871 & 0,891 & 0,905 & 0,919 & 0,926. \end{cases}$$

Bei dieser Gelegenheit macht der Autor von Neuem darauf aufmerksam, dass nur mit Ausnahme der „kalten Banden" im ultrarothen Theile des Spectrums die Durchlässigkeit der Strahlen mit deren Wellenlängen wächst, sodass die dunklen Wärmestrahlen transmissibler sind, als das Licht (s. oben S. 33); „ein Schluss," fährt er fort, „der der bisher geltenden Ansicht direct entgegengesetzt ist."

Auf der Tafel XV stellt der Verfasser die Vertheilung der Energien im normalen Spectrum (was er durch eins der berühmten Rowland'schen Gitter erhielt) in Curven dar. Man findet dort für den Strahl $\lambda = 0^{\mu},870$ ein Verhältniss zwischen seiner Energie im Meeresniveau und der primitiven ausserhalb der Atmosphäre = 1:1,2. Da nun der Coëfficient dieses Strahls = 0,871 ist (s. oben), so muss Langley für diesen Strahl den Weg zwischen dem Meeresniveau und der oberen Grenze der Atmosphäre $\varepsilon = 1,32$ atmosphärische Einheiten berechnet haben. Aber auf derselben Tafel berechnet sich diese Luftstrecke auf 4,5 Einheiten für den Strahl $\lambda = 0^{\mu},50$ (da das Verhältniss der Höhen in beiden Kurven = 1 : 5 und der Coëfficient, den man freilich nur durch Interpolation findet, = 0,7 ist). Bei dieser Divergenz musste ich mich fragen, welcher von den beiden wissenschaftlichen Quellen ich mich anvertrauen sollte. Ich habe mich für die Tabelle 120 entschieden, deren Zahlen in guter Ordnung sind. Bis zur Construction einer Curventafel kann sich sehr leicht noch ein Fehler einschleichen.

Von diesem Gesichtspunkte ausgehend, konnte ich die Berechnung wieder aufnehmen. Die Tafel 120 enthält, wie ich schon sagte, in ihrer Colonne IX die Energien der verschiedenen Strahlen ausserhalb der Atmosphäre. Um nun die Energie eines Districts im Spectrum zu finden, musste ich den Unterschied der darin enthaltenen Wellenlängen mit der von Langley für diesen District adoptirten mittleren Energie multipliciren. Durch Summation dieser Producte erhält man dann die ganze Energie der Sonnenstrahlung ausserhalb der Atmosphäre: $J_0 = A$.

In der Tabelle 123 giebt Langley, wie ich schon sagte, die Transparenzcoëfficienten für die verschiedenen Wellenlängen. Diese correspondiren nicht immer mit den Wellenlängen der Tabelle 120 und man muss daher die Reihen durch Interpolation ergänzen. Nun berechnet man für jede Wellenlänge einzeln die Intensitäten, nimmt die Wege durch die Luft $\varepsilon = {}^1/_2$, 1, $1^1/_2$, 2 u. s. w. atmosphärischen Einheiten und wenn man dann die Summe aller dieser Werthe für den gleichen Weg ε nimmt, so hat man $J_{1/2}$, J_1, $J_{1^1/_2}$, J_2 u. s. w. Indem man die J durch J_0, was man zuerst findet, dividirt, erhält man den Quotienten $\frac{J}{A}$, der in Tabelle XI notirt ist.

Tabelle XI.

Intensitäten der Sonnenstrahlung in der Luft.

λ	A	p	$Ap^{1/2}$	Ap	$Ap^{1^1/_2}$	Ap^2	$Ap^{2^1/_2}$	Ap^3	Ap^4	Ap^5
0µ,350	80	0,425	52	34	22	14	9	6	3	1
400	96	566	72	54	41	31	23	17	11	6
450	272	650	219	177	142	115	93	75	49	32
500	459	698	384	320	268	224	187	156	109	76
600	424	770	372	327	287	251	221	194	149	115
700	286	812	258	232	209	189	170	153	124	101
800	256	850	236	218	200	185	170	157	134	114
1,00–2,40	740	908	705	672	640	610	581	554	503	457
	2613		2208	2034	1809	1619	1454	1312	1082	902
$\frac{J}{A} = 1$			0,880	0,778	0,692	0,620	0,556	0,502	0,414	0,345
p (f. die ganzen Potenzen)			0,778		0,797		0,810	0,825	0,834	

Man kann leicht diese Zahlen finden, wenn man — jedoch nur für die Rechnung — annimmt, die Hälfte der Sonnenstrahlen folge dem Gesetz von Bouguer $\left(p = 0{,}778 = \frac{7}{9}\right)$, die Hälfte einer meiner Formeln für die zusammengesetzte Strahlung (40 und 41), wobei $x = 2{,}5$. Dann erhält man:

	J_0	J_1	J_2	J_3	J_4	J_5
	1	0,778	0,621	0,504	0,416	0,348
$\varDelta =$	0	0	1	2	2	3

	p_1	p_2	p_3	p_4	p_5
	0,778	0,798	0,812	0,825	0,836
$\varDelta =$	0	1	2	0	2

die $\varDelta$ in Tausendtheilen angegeben.

Darnach kann man eine ziemlich einfache Formel anwenden, um die intermediären Werthe zu berechnen, nämlich:

$$\frac{J_\varepsilon}{A} = \frac{1}{2}\left[\frac{3{,}5}{3{,}5+\varepsilon} = \left(\frac{7}{9}\right)^{\varepsilon}\right]. \tag{45}$$

Ich habe nach diesen Zahlen auch eine Tabelle der Wärme-Intensitäten (XII) berechnet für die verschiedenen Höhen resp. Zenithdistanzen der Sonne. Sie wird die Tabelle VII ergänzen.

Tabelle XII.

Wärme-Intensitäten.

Zenithdistanz der Sonne	Intensität bei senkrechtem Einfall der Strahlen	Intensität bei horizontaler Fläche
0°	0,778	0,778
10°	771	759
20°	762	716
30°	746	646
40°	722	553
50°	684	440
60°	620	310
70°	511	175
75°	428	111
80°	310	054
85°	146	013
90°	13	000

Die beiden Tabellen (XI und XII), glaube ich, wird man für jetzt als den natürlichsten Ausdruck des Gesetzes der Sonnenintensitäten betrachten dürfen. Freilich entsprechen die Langley'schen Beobachtungen der Klarheit des Amerikanischen Himmels und dem im Allgemeinen geringen Feuchtigkeitsgehalt der dortigen Luft. An anderen Orten könnte man vielleicht andere Werthe erhalten. Da aber die Intensität der Sonnenwärme ausserhalb der Atmosphäre davon unabhängig ist, so kann man sich in solchem Fall vorstellen, dass die verstärkte Absorption durch eine grössere Anhäufung absorbirender Einheiten bewirkt sei. Tabelle XI in Verbindung mit Interpolationen nach der Formel (45) würde angeben, in welcher Proportion dies der Fall sei. Angenommen, man kenne die Sonnenconstante, so würde eine Beobachtung genügen, um die relative Anhäufung zu bestimmen; handelt es sich aber noch darum, die Sonnenconstante zu bestimmen, so muss man, wie bisher, mindestens zwei Beobachtungen mit einander vergleichen.

Man hat schon seit langer Zeit versucht, die Sonnenconstante festzustellen, aber noch immer differiren die gefundenen Werthe unter einander beträchtlich. Pouillet hatte $A = 1,7633$ calories gefunden, d. h. dass die Sonnenstrahlen (ausserhalb der Atmosphäre bei senkrechter Incidenz) in einer Minute 1,7633 gr Wasser um 1° C. erwärmen. Radau erhält durch Berechnung derselben Versuche 1,872 cal., in anderen Fällen 1,815 — 1,938 (Actinometrie p. 28) und aus Crova's Beobachtungen 1,850—2,243. Im Uebrigen finden:

Quetelet in Brüssel	1,56—1,83
Violle (Ann. de chém. et de phys.)	2,540
Crova (ibid. 1877 t. XI)	1,694
Weber (Schweiz)	2,3
Langley	3,00

Den Langley'schen Werth habe ich schon als zu hypothetisch angezweifelt. Maurer in Zürich hat bemerkenswerthe Zweifel gegen die Sicherheit der Violle'schen Resultate ausgesprochen. Er behauptet (Oesterr. Ztschr. f. Meteor. 1885 p. 296), dass in dem Apparate dieses Beobachters das Thermometer in grösserer Ausdehnung miterwärmt werde, als es in den Formeln berücksichtigt worden sei. Darum nehme ich für jetzt einfach den Mittelwerth nach allen diesen Autoren als Sonnenconstante an und setze $A = 2{,}1$. Es wird sich ja zeigen, inwieweit dieser Werth durch spätere Beobachtungen eine Berichtigung erfahren wird. Diese Frage ist überhaupt wichtiger für die physikalische Kenntniss der Sonne, als für die Klimatologie der Erde; denn die Klimate hängen viel mehr von der relativen Vertheilung der Sonnenwärme, als von ihrer absoluten Intensität ab.

Uebrigens findet man in der Tabelle XI Nichts, was als Bestätigung der Langley'schen Hypothese gedeutet werden könnte. Indessen ist dieselbe damit noch nicht definitiv zurückgewiesen, da die sämmtlichen Strahlen, deren $p < 0{,}325$ ist, unberücksichtigt geblieben sind. Würde es nachgewiesen, dass die schon mehrfach erwähnten kalten Bande des ultrarothen Spectrums ein Product der Erdatmosphäre sind, so würde sich durch die Mitberücksichtigung der in ihnen ausgelöschten Strahlen das Gesammtbild des Sonnenspectrums noch wesentlich umgestalten können.

VI. Die zerstreute Strahlung.

Die Quelle der zerstreuten Strahlung der Atmosphäre ist die den directen Sonnenstrahlen auf ihrem Wege durch die Luft entzogene Energie. Lambert und Clausius haben die Vertheilung des zerstreuten Himmelslichts theoretisch behandelt. Während Lambert einfach annimmt, dass es sich in zwei gleiche Hälften theile, von denen die eine beim Erdboden anlange, die andre durch die oberen Luftschichten entweiche und im leeren Raum sich verliere, so beweist Clausius, dass dies nicht möglich ist. Selbst wenn man annimmt, dass die Luftmolecüle die zurückgehaltene Energie der Sonnenstrahlen nach jeder Richtung in gleicher Menge wiederaussenden (was bei den eigentlich absorbirten Energien der Fall sein dürfte), so kommen dann diese Energien doch nicht in gleicher Menge an den beiden Grenzflächen der Atmosphäre an. Die Verluste sind bei den nach unten gerichteten Strahlen grösser, als bei den nach oben gerichteten, denn die Molecüle, welche die grössere Menge Strahlungsenergie absorbirt haben, liegen der oberen Grenze der Atmosphäre näher als der unteren.

Aber ausser für die absorbirten Strahlen weisst auch Clausius die Annahme von Lambert zurück, dass die reflectirten Sonnenstrahlen gleichmässig nach allen Richtungen vertheilt werden; er behauptet vielmehr, dass dies nach Maassgabe der optischen Gesetze geschehen müsse und nimmt, um die Vorstellungen zu fixiren, an, dass kleine Wasserbläschen in der Atmosphäre suspendirt seien, selbst bei klarstem Himmel, und dass von diesen die Reflexion der Sonnenstrahlen bewirkt werde. Von dieser Vorstellung im zweiten Theile seiner Arbeit ausgehend, berechnet Clausius nach dem Gesetze von Fresnel die relativen Intensitäten des reflectirten Lichts für die verschiedenen Zenithdistanzen der Sonne und die relativen Strahlenmengen, welche am Erdboden anlangen. Er unterscheidet die einmal reflectirten Strahlen von den mehrmals reflectirten und nimmt von den letzteren an, dass ihre Vertheilung nach allen Richtungen gleich sei und dass sie zur Hälfte an der unteren, zur Hälfte an der oberen Grenze der Atmosphäre ankommen.

Es ist wahr, dass die Hypothese der Wasserbläschen von vielen Seiten und mit triftigen Gründen angegriffen worden ist und dass Viele an Stelle der Bläschen nur minimale Tröpfchen als Product der in der Luft stattfindenden Condensation anerkennen wollen. Indessen kommt es hier weniger auf die Grundlage der Rechnung an, als vielmehr auf die richtige Wiedergabe der Erscheinungen. Wild in St. Petersburg hat die von Clausius berechneten Werthe für die Lichtstärke einiger Punkte des Himmels mit seinen eigenen Beobachtungen darüber verglichen und eine grosse Uebereinstimmung der Intensitätscurven, den berechneten und den beobachteten, gefunden (Wild, Bulletin de l'Académie Impériale des Sciences de St. Petersbourg 1875 u. 1876). Er hat freilich auch grosse Abweichungen gefunden; die von Clausius berechneten Zahlen sind im Mittel ungefähr doppelt so gross wie die beobachteten. Doch hat Clausius, worauf Wild sogleich aufmerksam macht, in seinen

Berechnungen die in den Lufttheilchen stattfindende Absorption des Lichts vernachlässigt, weil ihr Betrag ihm unbekannt war. Clausius führt zwar für die relative Menge der nicht absorbirten zerstreuten Strahlen den Factor (ϱ) ein, setzt denselben aber bei der Rechnung selbst $= 1$. Wild setzt, um auf die Absorption Rücksicht zu nehmen, diesen Factor bei der einen Zahlenreihe $= 0{,}625$, bei der anderen $= 0{,}404$. Es folgen hier drei Zahlenreihen, die erste mit den Clausius'schen Zahlen, die zweite mit den multiplicirten Werthen und die dritte mit den von Wild beobachteten Werthen. Die Zenithabstände der Sonne sind 60° und 45°, die anderen Bögen bezeichnen den Abstand der beobachteten Punkte im Meridian von der Sonne.

$z = 60°$

N. 135°	112°,5	90°	67°,5	45°	22°,5	− 22°,5 S.
4,64	2,65	1,92	2,40	7,82	16,30	18,40
2,92	1,66	1,21	1,50	4,92	10,20	11,50
3,82	2,12	1,21	1,38	2,21	6,31	11,60
			$z = 45°$			
5,96	3,64	2,39	2,30	3,91	9,75	13,44
2,41	1,47	0,96	0,93	1,37	2,62	6,00
2,22	1,26	0,83	0,93	1,37	2,62	6,00

Aus der Uebereinstimmung der beiden unteren Reihen beider Gruppen kann man entnehmen, dass die Absorption wahrscheinlich etwa $^1/_2$ beträgt. Diese Wahrscheinlichkeit wird noch erhöht durch eine Beobachtung von Roscoe und Baxendell (Proceedings of the Royal Society 1866 Febr.). Diese beiden Gelehrten bestimmten das Verhältniss der directen Sonnenstrahlung und der diffusen Himmelsstrahlung durch Photographie und durch optische Beobachtungen und fanden dabei für die sichtbaren Strahlen:

z	Sonne		Himmel
64° 44′	4	:	1
77° 57′	1,4	:	1, während Clausius' Zahlen geben:
65° —	1,7	:	1
80° —	1	:	2; wenn man aber $\varrho = 0{,}6$ nimmt:
65° —	3,9	:	1
80° —	1,4	:	1.

Bei solcher Uebereinstimmung der Theorie mit einer zu ganz anderem Zweck gemachten Beobachtung, darf man, glaube ich, die Hypothese aufstellen, dass $\varrho = 0{,}6$ sei.

Fernere Beobachtungen über die relativen Intensitäten des zerstreuten und des directen Lichts werden den Werth von ϱ genauer bestimmen lassen. Aber man erkennt bereits, dass mit diesem hypothetischen Werthe die Clausius'sche Theorie zu Resultaten führt, welche mit den Beobachtungen gut übereinstimmen. Man darf zwar annehmen, dass der Werth von ϱ nicht durch das ganze Sonnenspectrum derselbe bleibt, da bereits Roscoe und Baxendell bewiesen haben, dass die Absorption der chemischen Strahlen in der Luft viel stärker ist als die der sichtbaren Strahlen. Welches ihr Werth ist in den ultrarothen Theilen des Spectrums ist noch nicht bekannt, doch ist vorauszusetzen, dass dort dieselben Gesetze herrschen wie in den sichtbaren und chemisch wirkenden Theilen des Spectrums.

Aber wie auch immer, die Menge der als absorbirt angenommenen Strahlen ändert wenig in der Wärmewirkung. Während die absorbirten Lichtstrahlen aufhören sichtbar zu sein, so bleibt die Wärmewirkung unverändert durch die Absorption, nur dass die absorbirte Wärme nach allen Seiten gleichmässig wieder ausgesandt wird, während die nur reflectirte Wärme ihren Weg nach den optischen Gesetzen nimmt, d. h. in etwas grösserer Menge bei der ersten Reflexion den Boden erreicht.

Man kann gegen die Clausius'sche Theorie noch den anderen Einwurf erheben, dass nach ihr die Polarisation des zerstreuten Himmelslichts in 74° Entfernung von der Sonne am grössten sein müsste, während dies in Wirklichkeit erst bei 90° der Fall ist. — Denn da der Brechungsindex des Wassers $= 1{,}333 = \operatorname{tg} 53°$ ungefähr ist, so werden die unter diesem Winkel einfallenden Strahlen vollständig polarisirt; sie gelangen aber zum Auge des Beobachters unter einem scheinbaren Sonnenabstand $= 180° - 2 \cdot 53° = 74°$.

Der wirkliche Abstand des Kreises grösster Polarisation von der Sonne ist mit vollkommener Genauigkeit von Arago und neuerdings von Rubenson in Stockholm bestimmt worden. Er deutet darauf, dass die reflectirende Substanz einen Brechungsindex sehr nahe 1 haben müsse. Es giebt ja auch dergleichen Stoffe in der Luft, den Sauerstoff und den Stickstoff, die Kohlensäure und den Wasserdampf. Wenn man annimmt, dass es wegen der vibrirenden Bewegung der Gasmolecüle in der Atmosphäre auch leere Punkte giebt, sodass die Lichtstrahlen auf ihrem Wege durch die Luft abwechselnd Strecken von dem Brechungsindex 1,0000 für den leeren Raum und von 1,0003 (für den Stickstoff etc.) zu passiren hätten, so wären die Bedingungen vorhanden, unter welchen die grösste Polarisation in 90° Abstand von der Sonne auftreten könnte. Aber einerseits hat diese Hypothese sehr viel Unwahrscheinliches und andrerseits liesse sich aus ihr das Himmelslicht nicht so, wie es ist, ableiten. Um dies zu erkennen, brauchen wir nur die Lichtintensitäten in 10° und in 90° Abstand von der Sonne zu berechnen. Die Einfallswinkel (i) sind an diesen Stellen $= 85°$ und $= 45°$, die Brechungswinkel (r) $= 83° 19'$ und $= 14° 50'$, und daraus berechnen sich nach der Fresnel'schen Formel die beiden $J = 0{,}021$ und $= 0{,}000004$. Diese Intensitäten stehen im Verhältniss wie 5000 : 1, und dies widerspricht im höchsten Grade der Wirklichkeit.

Die letztere Hypothese ist also derjenigen von Clausius keineswegs vorzuziehen. Keine von beiden erklärt das Maximum der Polarisation bei 90° Abstand von der Sonne genügend. Unter solchen Umständen muss man sich mit einer Hypothese begnügen, welche die Hauptfrage erklärt, und kann die Nebenfrage zu lösen der Zukunft überlassen. Die Theorie von Clausius zeigt allein, wie die Gesammtintensität und die Vertheilung der zerstreuten Strahlung von der Zenithdistanz der Sonne abhängen.

Nichtsdestoweniger scheint diese Reflexion durch die Luftmolecüle zu existiren und die Ursache des hellen Scheins zu sein, den man zunächst um die Sonne bemerkt. Langley hat diesen zuerst genauer beobachtet und seine Lichtstärke in verschiedenen Entfernungen von der Sonnenscheibe gemessen. Das zu diesem Zweck von ihm erfundene Instrument, „der Comparator“, empfängt das Licht von zwei Bezirken des Himmels, von denen der eine die Sonnenscheibe selbst umfasst, der andre einen Kreis von gleichem Durchmesser, aber in variabler Entfernung von der Sonne. Die von beiden Seiten eintretenden Strahlenbündel werden zunächst durch Sammellinsen jedes in einen Brennpunkt vereinigt und alsdann ihre Intensität durch Verschiebung zweier mit einander verbundenen Papierflächen bis auf Helligkeitsgleichheit relativ gemessen. Langley's Messungen beweisen, dass für einen gewissen Bezirk die Helligkeiten abnehmen in umgekehrter Proportion zur Entfernung von der Sonnenscheibe. Er drückt das Gesetz dieser Intensitäten aus durch die Formel xy = Constans, wo x die Entfernung vom Sonnenrande und y die beobachtete Intensität bezeichnet. Diese Formel ist nicht durchaus genau; die Beobachtungsreihen weichen von einander ab und selbst in den besten führt die Formel zu Differenzen, welche mit den Entfernungen von der Sonne wachsen. Eine Fortsetzung dieser Beobachtungen wäre sehr zu wünschen, besonders auch auf weitere Entfernungen von der Sonne.

Langley's Beobachtungen hierüber datiren aus den Jahren 1881 und 1882. Er hat in folgenden Entfernungen (x), gemessen in Sonnendurchmessern, folgende Intensitäten (die Sonnenscheibe = 1) beobachtet:

$x=$	$1/2$	1	2	$2\,1/3$	3
Lone Pine	0,001173	801	374	275	190
Mt. Whitney	1184	685	236		—
berechnet	1179	689	240		100.

Die Berechnung habe ich nach der Fresnel'schen Formel für das reflectirte Licht ausgeführt, dieselbe aber wegen der Kleinheit der Winkel $(i-r)$ und $180° - (i+r)$ durch Einsetzung der sinus für die Tangenten vereinfacht, also

$$J = \frac{\sin^2(i-r)}{\sin^2(i+r)},$$

und habe angenommen $i = 89° 44'$, $= 89° 36'$, $= 89° 20'$ und $= 89° 4'$; $n = 1{,}000115$; endlich sind die gefundenen Zahlen mit der Constante 0,004 multiplicirt worden.

Langley hat seine Untersuchungen auf der Station Alleghany

fortgesetzt. Er sagt: „man hatte einen nebligen Himmel gewählt, um die Maximumwirkung dieser Strahlen zu bestimmen“. Seine dort gefundenen Werthe sind fast vierfach so gross wie die oben angeführten:

$x =$	$^1/_2$	1	2	5	13
$J =$	0,004214	1956	746	273	194.

Zur Berechnung ist die Fresnel'sche Formel nicht mehr anwendbar; eher würde sich die erste Potenz $\frac{\sin(i-r)}{\sin(i+r)}$ anwenden lassen.

Alle diese Intensitäten fehlen in den Clausius'schen Berechnungen und den Wild'schen Beobachtungen. Die von Wild construirte Curve über die Vertheilung des zerstreuten Lichts im Meridian ist vermuthlich über die Stelle der Sonne selbst nur durch lineare Interpolation hinweggeführt. Langley dagegen hat Curven gezeichnet, für die er die Entfernungen von der Sonne als Abscissen (x) und die beobachteten Intensitäten als Ordinaten (y) gebraucht hat (Researches pl. VII.), und welche er, soviel möglich, nach Beobachtungen corrigirt hat. Durch planimetrische Summation hat er die Gesammtintensität dieses Lichts bis zu vier Sonnendurchmessern Radius in den oberen Stationen $= 0{,}028$, in Alleghany $= 0{,}088$ des Sonnenlichts gefunden. Doch ist diese Schätzung nicht vollständig. Der helle Schein dehnt sich auf viel weitere Entfernungen aus, Schritt für Schritt an Helligkeit abnehmend, aber an Radius zunehmend. So wird freilich die Beobachtung Schritt für Schritt schwieriger und das ermüdete Auge kann oft nicht die richtige Einstellung des Instruments bestimmen.

Clausius findet „unmittelbar neben der Sonne“, wenn diese 40° Zenithabstand hat, $J = 0{,}000008142$ von der Helligkeit der Sonne ausserhalb der Atmosphäre; Langley dagegen findet in drei Sonnendurchmessern Entfernung vom Sonnenrande eine Helligkeit $= 0{,}000095$, fast zwölfmal so gross, wie die von Clausius berechnete. Man kann daher ohne Bedenken die gesammte Energie dieser circumsolaren Reflexion auf 0,05 des sichtbaren Sonnenlichts schätzen. Dieser Werth, welcher etwa die Mitte einnimmt zwischen den beiden von Langley selbst aufgestellten (s. oben), könnte zu niedrig erscheinen im Hinblick auf den in Alleghany erhaltenen. Doch muss man bedenken, dass die dortigen Beobachtungen an einem etwas nebligen Tage stattfanden.

Sicherlich besteht diese Reflexion nicht allein für die sichtbaren Strahlen, sondern auch für die dunklen Wärmestrahlen. In sehr vielen Fällen hat sie gewiss schon auf die Instrumente der Beobachter mit eingewirkt, wenn man nur die directe Sonnenwärme zu messen glaubte. Langley selbst wurde auf ihre Untersuchung geführt, als er den Correctionen nachforschte, welche bei den Beobachtungen mit seinem Actinometer nothwendig sein würden.

Die Strahlen des hellen Scheins um die Sonne gehören zur Gruppe derjenigen, welche nach nur einer Reflexion direct zum Erdboden gelangen. Wenigstens sind die zu beobachtenden Quantitäten sämmtlich dahin gelangt und man hat keine Abzüge mehr wegen atmosphärischer Abschwächung zu machen. Indem wir also die der directen Strahlung entzogenen Energien weiter verfolgen, so werden wir davon zunächst 40% auf die Absorption, dann 5% der Sonnenintensität auf den hellen Schein zu rechnen haben und dann erst den Rest nach Clausius' Formeln behandeln.

Ohne in die Einzelheiten der mathematischen Entwicklung dieses Autors (Crelle's Journal für die reine und angewandte Mathematik vol. 33 u. 36, 1847 u. 1848) einzugehen, lasse ich mit kurzer Erklärung eine von ihm zusammengestellte Tabelle folgen, welche genügt, um die Rechnungen in Zahlen auszuführen. Von seiner Wasserbläschen-Hypothese ausgehend, kommt er zu einem Ausdruck für die bei der ersten Reflexion nach oben und nach unten geschickten relativen Quantitäten. Dieser Ausdruck enthält ein elliptisches Integral, welches die einzelnen Werthe für das nach unten gesandte Licht bei jeder Zenithdistanz der Sonne zu finden (q Colonne I) erlaubt. Infolge von Absorptionen und neuen Reflexionen kommen diese Strahlen nur mit Verlusten (s), die man in der II. Colonne findet, am Erdboden oder an der oberen Grenze der Luft an.

Die III. Colonne enthält den Rest der Strahlen $q(1-s)$ aus der ersten Reflexion, welche den Erdboden erreicht. Die bei dieser ersten Reflexion absorbirten Strahlen vertheilen sich gleichmässig nach allen Richtungen. Die Verluste, welche diese Strahlen erfahren, ehe sie zur unteren oder oberen Grenze der Atmosphäre durchdringen, sind in der Colonne IV berechnet und die Reste, die zum Erdboden gelangen, in der Colonne V.

Tabelle XIII (nach Clausius).

Zenith-abstand	I q	II s	III $xq(1-s)$	IV	V
0°	0,753	0,255	0,561	0,325	0,664
10°	751	258	557	—	—
20°	745	259	553	325	663
30°	734	264	540	—	—
40°	717	272	522	325	660
50°	691	276	500	—	—
60°	657	308	454	325	653
70°	613	362	391	325	643
75°	587	421	340	—	—
80°	559	530	263	323	615

Aus allen diesen Energien, welche in der Luft verloren gehen, sehen wir eine neue tertiäre Strahlung entstehen, deren Strahlen sich von Neuem nach oben und unten vertheilen, neue Verluste durch Absorption und Reflexion erfahren, eine quaternäre Strahlung erzeugen u. s. f. Man muss annehmen, dass deren Energien sich zu gleichen Theilen nach oben und unten vertheilen, sodass sie zur Hälfte am Erdboden, zur Hälfte an der oberen Grenze der Atmosphäre anlangen.

VII. Die Reflexion an der Erdoberfläche.

Wenn die Sonnenstrahlen, sei es direct oder indirect, an der Erdoberfläche ankommen, beginnt für sie eine letzte Reihe von Reflexionen. Die Intensität dieser neuen reflectirten

Strahlen würden wir nach dem Fresnel'schen Gesetz finden können, wenn wir den Einfallswinkel und den Brechungsindex kennten. Da sich hierin die verschiedenen Stoffe, welche die Erdoberfläche bilden, verschieden verhalten, so wollen wir die drei wichtigsten gesondert betrachten: den Erdboden, das Meer und den Schnee.

Der Erdboden besteht aus kleinen Körnchen von sandartiger oder steiniger Beschaffenheit, bei denen die Angabe eines bestimmten Einfallswinkels unmöglich wird. Man könnte eine kugelförmige Gestalt der Körnchen annehmen und den Brechungsindex des Quarzes oder des Granits und so eine theoretische Berechnung ausführen. Aber die Gefahren einer so unsicheren Grundlage wären grösser als die Vortheile, die man dadurch erreichen könnte, und grösser, als wenn man einfach der empirischen Methode folgt, durch Versuch die Albedo zu bestimmen. Die Bezeichnung Albedo ist bekanntlich von Lambert eingeführt worden für das Verhältniss des zurückgeschickten Lichts zu dem auffallenden. So hat z. B. Lambert die Albedo eines sehr weissen Papiers = 0,4 bestimmt; vom Erdboden sagt er, dass die Albedo kaum auf $^1/_{12}$ geschätzt werden könne. Ich halte diese Schätzung noch für zu hoch.

Ich stellte zwei Stücke Papier in verschiedenen Entfernungen von einer Lampe auf. Das eine war sehr weiss, sodass man es wohl betreffs seiner Albedo dem erwähnten Lambert'schen gleichstellen, d. h. seine Albedo auf 0,4 annehmen konnte. Das andere hatte die gelbliche Farbe und die Helligkeit des Sands. Sie wurden beide nach derselben Seite von der Lampe und von mir aus aufgestellt und die Strahlen der Lampe fielen fast senkrecht auf sie ein und kehrten fast senkrecht zu meinem Auge zurück. Indem ich die Lampe näherte und entfernte, erreichte ich, dass sie gleich hell erschienen. Da nun die scheinbare Helligkeit durch die grössere oder geringere Entfernung des Beobachters nicht verändert wird, so hing der Erfolg allein von der Entfernung von der Lampe ab, die für beide Blätter ungleich war. Die Entfernungen verhielten sich, wie die Messung ergab, = 1 : 3,1; das gelbe Papier in der Entfernung 1, das weisse in der Entfernung 3,1. Daraus folgt, dass die Albedo des gelben Papiers $^1/_{10}$ derjenigen des weissen war, also = 0,04. Ich glaube, dass dieser Werth, welcher nur gleich der Hälfte des Lambert'schen ist, der höchste ist, den man für den Erdboden berechnen darf; denn es giebt zwar viele Ebenen, welche dunkler, gewiss aber sehr wenige, welche heller sind, als das bei dem Versuche angewandte Papier.

Für den Schnee der Polarzone sei die Albedo = 0,2 angenommen.

Am meisten Wichtigkeit, aber auch am meisten Schwierigkeit hat diese Frage beim Meere, wo sie einer theoretischen Erörterung zugänglich ist. Das Meer kann ruhig oder aber bewegt sein. Welches ist also der Einfallswinkel der Sonnenstrahlen? Bei ruhigem Meere ist er = z und bei bewegtem Meere kann er doch wohl niemals mehr als 10° davon abweichen. Eine Meereswoge, deren Höhe = $^1/_5$ ihrer Länge wäre, ist schon sehr steil. Aber sie enthält noch horizontale Stücke, und während auf der einen Seite der Einfallswinkel der Sonnenstrahlen vergrössert wird, wird er auf der anderen verkleinert, wenn man nicht gerade die Sonne im Zenith annimmt. Um die Wellenbewegungen zu berücksichtigen, wird es genügen, den Einfallswinkel einmal = $z + 5°$, das andere mal = $z - 5°$ zu setzen, und die halbe Summe beider Resultate zu nehmen. Hievon ausgehend habe ich die Werthe für alle ungeraden Vielfache von 5° berechnet, um daraus leicht die Mittelwerthe für die verschiedenen z finden zu können.

i Einfallswinkel	J Reflectirte Intensität
5°	0,0210
15°	0206
25°	0205
35°	0226
45°	0281
55°	0435
65°	0870
75°	2021
85°	5835

Die zerstreute Strahlung betreffend darf man annehmen, dass sie durchschnittlich aus 20° Höhe komme, sodass $J_1 = 0,15$ wird.

Man erkennt, dass die Reflexion an der Oberfläche des Meeres je nach der Stellung der Sonne in hohem Maasse wechselt. Steht die Sonne dem Zenith nahe, so werden weniger Strahlen directen Sonnenlichts vom Meere zurückgeworfen als vom Lande, nur etwa halb so viel. Darum erscheint auch das Meer in unseren Landschaften im Allgemeinen als der dunkle Theil; nur des Abends, wenn sich die Sonne dem Horizonte nähert, sehen wir, welche enorme Lichtfülle von dem Meere reflectirt wird.

Diese an der Erdoberfläche reflectirten Strahlen behalten ihre Wellenlängen bei, seien es die der directen Sonnenstrahlen, seien es die des zerstreuten Himmelslichts. Der Rest der auf die Erdoberfläche einfallenden Strahlen wird absorbirt und ihre Wärme in den Stoff übertragen, aus dem sie local besteht. Diese an die Stoffe der Erdoberfläche abgegebene Wärme strahlt auch wieder aus in den leeren Raum. Aber der grosse Unterschied zwischen beiden Strahlungen besteht darin, dass die eine sogleich stattfindet und ohne Veränderung der Wellenlängen, die andere dagegen oft lange Zeit nach der Aufnahme der Wärme und in Wellenlängen, welche durchaus nur den Temperaturen der erwärmten Körper entsprechen.

Ein Theil der an der Erdoberfläche reflectirten Strahlen kehrt auch wieder dahin zurück, den Gesetzen der Absorption und Reflexion folgend, welche wir in der Atmosphäre herrschend erkannt haben. Wenn man mit Clausius die Absorption in der Atmosphäre vernachlässigt, so beträgt das zurückkehrende Licht 0,1552 des ausgesandten. Berücksichtigen wir aber die Absorption, so erhalten wir zwei gleiche Mengen zurückkehrender Strahlen, die einen absorbirt, die anderen reflectirt, deren gemeinsame Energie ebenfalls = 0,1552 der ausgesandten ist.

Die Rechnung muss hier von der Clausius'schen wesentlich abweichen. Denn da Clausius die Menge der leuchtenden Strahlen berechnete, so hatte er den durch die Reflexion der Erdoberfläche verursachten Verlust zu vernachlässigen und nur die zurückkehrenden Strahlen als Zuwachs zu berechnen. — Waren die Strahlen auch schon einmal gesehen worden, so hörten sie darum nicht auf, bei ihrer Wiederkehr von Neuem zu erhellen. Anders für die Wärmewirkung; denn die Erwärmung der Erdoberfläche wird nur durch die absorbirten Strahlen bewirkt. Diejenigen unmittelbar reflectirteu Strahlen, welche nicht zurückkehren, sind verloren. Wir müssen also in der Berechnung die Gesammtheit der an der Erdoberfläche reflectirten Strahlen subtrahiren, nur die ausgenommen, welche zurückkehren. Dass auch diese Hin- und Rückstrahlung eine mehrfach sich wiederholende ist, ist leicht einzusehen, und deshalb ist im Eingange dieses Capitels nicht von einer letzten Reflexion, sondern von einer letzten Reihe von Reflexionen gesprochen worden (S. 52).

In den folgenden Capiteln wird noch die Rede sein von den Verstärkungen, welche die Wärmezufuhr erfährt durch die Dämmerungen und durch die atmosphärische Strahlenbrechung; imgleichen wird noch die Frage über die Wolken zu erledigen sein. Alsdann ist Alles vorbereitet, um in Zahlen die Wärmemenge zu berechnen, welche die Erdoberfläche bei jeder Zenithdistanz der Sonne erhält, eine Rechnung, welche anfangs einheitlich, sich schliesslich in drei Theile spaltet, den drei Hauptbestandtheilen der Erdoberfläche entsprechend.

VIII. Die Dämmerung und die atmosphärische Refraction.

Die genaue theoretische Bestimmung der in den Dämmerungsstrahlen enthaltenen Wärmemenge wäre eine der schwierigsten und nutzlosesten Aufgaben, da die Wärmewirkung nur von äusserst geringer Ordnung ist. Es wird daher genügen anzunehmen, dass dieselbe überall proportional sei der Zeit, welche erfordert wird, damit die Sonne um einen bestimmten differentialen Winkel unter den Horizont sinke. Die Höhe (h) eines Gestirns bestimmt sich nach der Formel (15)

$$\sin h = \cos z = \sin\varphi \cdot \sin\delta + \cos\varphi \cdot \cos\delta \cos t.$$

Daraus folgt durch Differentiation

$$\cos h dh = -\cos\varphi \cos\delta \sin t dt$$

und da h ein sehr kleiner Winkel ist und also $\cos h = 1$ (ungefähr):

$$\frac{dt}{dh} = -\frac{1}{\cos\varphi \cdot \cos\delta \cdot \sin t},$$

und da t gleich dem früheren H (S. 13) u. also $\sin t = \sqrt{1 - \operatorname{tg}^2\varphi \cdot \operatorname{tg}^2\delta}$, so wird

$$(46) \qquad \frac{dt}{dh} = \frac{1}{\sqrt{\cos^2\varphi - \sin^2\delta}}.$$

Die Dämmerung der Aequinoctien am Aequator wird also gleich der Einheit, und wir wissen schon (S. 11. 12), dass diese Quantität gleich ist der Hälfte der Wärme, welche in der Schicht von 25 km aufgenommen wird. Sie ist daher gleich der Hälfte derjenigen senkrechten Strahlung, welche ein Ort in der Zeit aufnimmt, während welcher die Erde in ihrer äquatorialen Rotationsgeschwindigkeit 25 km zurücklegt, d. h. in 0,45 Minuten Zeit. Wenn wir dieselbe Einheit anwenden, wie in den Tabellen III und IV, so finden wir die Wärmewirkung der **beiden** Dämmerungen eines Tages am Aequator = 0,000625. Die vollständige Formel für den Wärmewerth (D) der beiden Dämmerungen eines Tages an einem Ort in der Breite φ wird daher sein:

$$(47) \qquad D = \frac{0{,}000625}{\sqrt{\cos^2\varphi - \sin^2\delta}}.$$

In Rücksicht auf die Kleinheit der Werthe wird es aber genügen, der Jahresberechnung die Zahlen zu Grunde zu legen, welche Meech erhalten hat für die Gesammtdauer der bürgerlichen Dämmerungen in den verschiedenen Breiten das ganze Jahr hindurch. Ich lasse sie hier folgen und füge ihre Wärmewerthe bei, ausgedrückt in den schon bekannten Einheiten.

Tabelle XIV.

Die Dämmerungen.

Breite	Gesammtdauer der bürgerl. Dämmerungen im Jahre	Wärmewerth
0°	375 min	0,000625
10°	384	640
20°	402	670
30°	445	742
40°	510	850
50°	646	1076
60°	1018	1699
70°	1140	1900
80°	913	1521
90°	1440	2400

Einen noch geringeren Zuwachs an Wärme bewirkt die atmosphärische Strahlenbrechung, durch welche wir die Zenithdistanz jedes Gestirns vermindert sehen. Diese scheinbare Verschiebung ist bei kleinen oder mittleren Zenithdistanzen ausserordentlich gering, wächst dagegen nahe dem Horizonte bis auf 34 Bogenminuten.

Die Verschiebung beträgt nach astronomischen Feststellungen bei

$z=$	0°	5°	10°	15°	20°	25°	30°	35°	40°	45°	50°	55°
$dz=$	−0″,0	−5″	−10″	−16″	−21″	−27″	−33″	−40″	−49″	−58″	−1′9″	−1′23″

$z=$	60°	65°	70°	75°	80°	85°	90°.
$dz=$	−1′40″	−2′4″	−2′38″	−3′33″	−5′18″	−9′50″	−34′.

Die sehr unbedeutende Wärmewirkung wird weiter unten durch Interpolation abgeschätzt werden.

IX. Die Wolken.

Unsre Berechnungen sind bisher angestellt ohne Rücksichtnahme auf einen der wichtigsten Factoren der Witterung: die Wolken. Indem sie die Sonnenstrahlen zurückhalten, stören sie in empfindlicher Weise die Resultate der Beobachter und selbst die zartesten Wolken, welche dem Auge noch unsichtbar sind, genügen, um die Strahlen mächtig abzuschwächen. Deswegen sind nur wenige Tage im Jahre durchaus geeignet, unter sich vergleichbare Beobachtungen anzustellen, und die aus den Versuchen abgeleiteten Werthe erlauben oft nicht, weitere Folgerungen darauf zu gründen.

Während so die einzelnen Versuche durch die Wolken gestört werden, werden dagegen die Wärmemengen, welche in längeren Perioden an einen Ort treffen, nur sehr wenig durch sie abgeändert. Denn während die Wolken die Sonnenstrahlen abschneiden und sie verhindern, den Erdboden zu erwärmen, so vermindern sie auf der anderen Seite auch die terrestrische Ausstrahlung und reflectiren einen Theil der Wärme der Erdoberfläche. Freilich hat der Verlust an Sonnenstrahlen eine grössere Wirkung, als die Zurückhaltung der strahlenden Wärme der Erdoberfläche in derselben Zeit, was man leicht empfinden kann, wenn man sich im Schatten einer Wolke befindet. Aber die Erdstrahlung hört niemals auf, sie dauert täglich 24 Stunden; während die Sonnenstrahlung durch die Nacht unterbrochen ist. Und die Summe der irdischen Strahlung ist, wie schon im I. Capitel gesagt wurde, der Summe der Sonnenstrahlung gleich. Infolgedessen wird die Wirkung beider Strahlungen nicht wesentlich abgeändert werden, wenn man nur annimmt, dass die Wolken Tag und Nacht dauern. Lösen sich die Wolken am Abend auf und ist der Himmel in der Nacht klar, so erfährt die Erdoberfläche einen Verlust an Wärme; aber wenn über Tag der Himmel klar ist und in der Nacht bedeckt von Wolken, dann wird das Gegentheil eintreten: die Erdoberfläche wird mehr Wärme zurückhalten, als es ohne Wolken geschehen wäre.

Je länger die Periode ist, desto grösser ist die Wahrscheinlichkeit, dass die Wolken den Himmel bei Tage in gleichem Maasse wie bei Nacht bedecken, und dies erscheint besonders wahr für eine jährliche Periode. Man kann im Allgemeinen wohl sagen, dass ein wolkenreicher Himmel die Extreme des Klimas mildert, aber dass die mittlere Jahreswärme dieselbe bleibt. Daher werden wir die theoretischen Werthe der Sonnenstrahlung sehr wohl mit den mittleren Jahrestemperaturen vergleichen dürfen, welche die Beobachtung in den verschiedenen Breiten der Erde ergeben hat.

X. Die aufgenommenen Wärmemengen.

Die Tabelle XV, welche aus einem allgemeinen Theil (A) und einem speciellen (B) besteht, ist mit diesem Kapitel verbunden, um den Gang der Rechnung zu zeigen betreffend die Wärmemengen, welche bei jedem Zenithabstand der Sonne aufgenommen werden. Sie zeigt, wie verwickelt die Strahlungen durch die Dazwischenkunft der Atmosphäre geworden sind.

Der allgemeine Theil der Tabelle besteht in 14 Colonnen, welche enthalten: I. die Zenithdistanzen der Sonne; II. die mathematischen Intensitäten proportional $\cos z$ (S. 12); III. die Intensitäten am Grunde der Atmosphäre, aufgenommen durch eine horizontale Fläche (S. 42 Tab. XII, 3. Col.); IV. die durch die Atmosphäre verursachten Verluste der directen Sonnenstrahlung (II.—III.); V. die von den Luftmolecülen absorbirten Theile (= 0,4 IV. s. S. 46); VI. die Mengen, welche davon unten ankommen (Tab. XIII, col. V, Tab. XV, col. V); VII. die Mengen, welche zuerst absorbirt, nachher wieder zerstreut worden sind (Tab. XV, col. V, Tab. XIII, col. IV); VIII. die Strahlen des hellen Scheins um die Sonne (0,05, III.); IX. Strahlen der ersten Reflexion (IV.—V.—VIII.); X. die davon unten ankommenden Mengen (Tab. XV, col. IX, Tab. XIII, col. III, $q[1-s]$); XI. Strahlen, zuerst reflectirt, nachher wieder zerstreut (Tab. XV, col. IX, Tab. XIII, col. IV); XII. die Hälfte der Strahlen in VII. u. XI. (kommen unten an); XIII. die Gesammtmenge der bis hieher unten anlangenden Strahlen (III., VI., VIII., X., XII.); XIV. Correction für die atmosphärische Strahlenbrechung (durch Interpolation erhalten). Aus diesen beiden letzten ergeben sich die in dem speciellen Theil der Tab. XV in col. II für den Erdboden zusammengestellten Strahlenmengen, von welchen die in den Colonnen III und VII (Erdboden und Schnee) aufgeführten Mengen reflectirt werden (s. Cap. VII), sodass als Resultate nur die Werthe in den Colonnen IV und VIII übrig bleiben. Beim Meere muss die Reflexion des zerstreuten Lichts getrennt (col. II—V) berechnet werden. Die Resultate enthält col. VI.

Diese Resultate habe ich versucht durch drei Formeln auszudrücken von der Form

$$\frac{Y}{A} = a \cos z - b, \tag{48}$$

worin Y der Bezeichnung J in Formel (14) $J = A \cos z$ entspricht, von dem es sich physisch nur dadurch unterscheidet, dass bei Y die Atmosphäre als vorhanden, bei J als fehlend angenommen wird. Die drei Werthe für a und b sind:

für das Meer $a_1 = 1{,}00$ und $b_1 = 0{,}1040$
„ „ Land $a_2 = 0{,}97$ „ $b_2 = 0{,}0740$
„ den Schnee $a_3 = 0{,}80$ „ $b_3 = 0{,}0460$.

Die Colonnen VIII (Meer), VI (Land) und X (Schnee) des speciellen Theils der Tabelle XV enthalten die Differenzen zwischen den nach diesen Formeln berechneten und den durch die früheren Rechnungen gefundenen Werthen. Diese Differenzen bleiben in mässigen Grenzen, sodass es gestattet sei, die späteren Rechnungen von diesen Formeln ausgehen zu lassen. Es wäre vielleicht möglich, Ausdrücke zu finden, welche sich noch genauer an die Zahlenreihen anschliessen, wie man denn z. B. schon darauf aufmerksam gemacht hat, dass nahezu das gesammte Licht, welches Himmel und Sonne schicken, $= A \cos(z + 5°)$ sei (Radau, Actin. p. 38). Ein solcher Ausdruck würde sich indessen weiterhin nicht so gut zur Integration eignen, wie ein Ausdruck von der obigen Form.

Nun wollen wir untersuchen, welche Abänderungen unsre früheren Formeln infolge der Berücksichtigung der Atmosphäre durch die neue Formel (48) erfahren müssen.

Die Formel (16) gestaltet sich folgendermassen um:

$$\frac{Y}{A}\, dt = (a \sin\varphi \cdot \sin\delta - b)\, dt + a \cos\varphi \cdot \cos\delta \cos t dt. \tag{49}$$

Tabelle

Aufgenommene Wärmemengen.

I. Zenith-abstände der Sonne.	II. Wärmemenge auf horizontaler Flächeneinheit ausserhalb der Atmosphäre	III. Wärmemenge auf horizontaler Flächeneinheit nach Abschwächung durch die Luft	IV. In die Luft zerstreute Strahlen	V. Absorbirt	VI. Davon gelangen zur Erde	VII. Zuerst absorbirte, dann wieder zerstreute Strahlen
0°	1	0,778	0,222	0,0888	0,0295	0,0288
10°	0,9848	759	226	0904	0299	0294
20°	9397	716	224	0896	0297	0291
30°	8660	646	220	0880	0292	0285
40°	7660	553	213	0852	0281	0276
50°	6428	440	203	0812	0269	0262
60°	5000	310	190	0760	0248	0247
70°	3420	175	167	0668	0215	0216
80°	1736	054	120	0480	0148	0155

B. Specieller

Meer

I. Zenith-distanz	II. Ganze zerstreute Strahlung	III. Reflexion der directen Strahlen	IV. Reflexion der zerstreuten Strahlen	V. Zurückkehrende Strahlen	VI. Resultat	VII. Dasselbe berechnet nach der Formel cos z —0,1040	VIII. Differenzen
0°	0,1504	— 0,0164	— 0,0226	+ 0,00605	0,8955	0,8960	— 5
10°	1527	0158	0229	00600	8790	8808	— 18
20°	1505	0147	0226	00579	8350	8357	— 7
30°	1458	0139	0218	00554	7616	7620	— 4
40°	1381	0140	0207	00539	6618	6620	— 2
50°	1283	0158	0192	00543	5387	5388	— 1
60°	1137	0202	0170	00577	3923	3960	— 37
70°	0933	0253	0140	00610	2351	2380	— 29
80°	0560	0212	0084	00459	0850	0696	+ 154

und wir haben daher die Strahlung innerhalb eines Grades der Ekliptik (s. Formel 17).

$$\frac{Y_T}{A} = 2(a \sin\varphi \cdot \sin\delta - b)\, H + 2a \cos\varphi \cdot \cos\delta \sin H$$

$$(50) \qquad = a \frac{J_T}{A} - 2bH.$$

XV.

A. Allgemeiner Theil.

VIII. Strahlen des hellen Scheins um die Sonne.	IX. Erste Reflexion der Wasserbläschen	X. Davon gelangen zur Erde	XI. Zuerst reflectirte, dann wieder zerstreute Strahlen	XII. Von VII. u. XI. gelangt die Hälfte zum Erdboden.	XIII. Gesammte bis jetzt aufgenommene Wärme	XIV. Atmosphär. Reflexion in 1/10000	I. Zenithabstände der Sonne
0,0389	0,0943	0,0517	0,0306	0,0303	0,9284	—	0°
0379	0977	0544	0317	0305	9117	—	10°
0358	0986	0545	0320	0305	8665	—	20°
0323	0997	0538	0324	0304	7917	1	30°
0277	1001	0522	0325	0300	6910	1	40°
0220	0998	0499	0324	0293	5681	2	50°
0155	0985	0447	0320	0283	4233	4	60°
0087	0915	0358	0297	0256	2676	7	70°
0027	0693	0182	0224	0189	1086	14	80°

Theil.

	Land					Schnee			
I. Zenithdistanz	II. Strahlenmenge bis jetzt	III. Reflexion v. Erdbod. abzüglich d. zurückkehrend. Strahlen	IV. Resultat	V. Dasselbe berechnet nach der Formel cos z − 0,1040	VI. Differenzen	VII. Reflexion vom Schnee etc.	VIII. Resultat	IX. Nach Formel 0,8 cos z − 0,0460	X. Differenzen
0°	0,9284	0,0314	0,8970	0,8960	+ 10	0,1569	0,7715		
10°	9117	0308	8809	8813	— 4	1540	7577		
20°	8665	0293	8372	8375	— 3	1464	7201		
30°	7918	0268	7650	7660	— 10	1335	6583		
40°	6911	0234	6677	6690	— 13	1168	5743		
50°	5683	0192	5491	5495	— 4	0960	4723	0,4682	+ 41
60°	4237	0143	4094	4110	— 16	0716	3521	3540	— 19
70°	2683	0091	2592	2567	+ 25	0453	2230	2276	— 46
80°	1100	0034	1066	0944	+ 122	0186	0914	0929	— 15

Wollen wir nach dieser Formel von Neuem die Mengen der empfangenen Wärme für jede Breite berechnen innerhalb eines Grades der Ekliptik, so müssen wir dieselbe Einheit anwenden, wie in den Tabellen III und IV, nämlich $2A\pi = 1$, und erhalten dann

$$Y_T = aJ_T - \frac{bH}{\pi}. \tag{51}$$

Ich habe diese Rechnung in der Tabelle XVI speciell für den Erdboden ausgeführt, wobei ich indessen die Constanten a und b etwas abweichend gewählt habe, nämlich $a = 0{,}95$ und $b = 0{,}057$. Auch hierbei sind die Abweichungen von dem Resultat nur gering, nämlich in 4ter Decimalstelle

bei $z =$	0°	10°	20°	30°	40°	50°	60°	70°	80°
ist $\Delta =$	+46	+28	+19	−1	−25	−49	−85	−99	−0

Vergleicht man Tabelle XVI mit den ähnlichen III und IV, so erkennt man bedeutende Unterschiede. Natürlich sind die sämmtlichen Werthe für dieselben Tage in Tabelle XVI kleiner. Ausserdem aber wird die in den früheren Tabellen so auffallende Bevorzugung der Pole während ihres Sommers sehr verändert. Zur Zeit des Sommersolstitiums fällt nun das Maximum der Wärme auf nicht ganz 40° Breite; die Wärme nimmt dann ab bis etwa zum Polarkreis und erreicht am Pol allerdings ein zweites, aber geringeres Maximum.

An zwei Stellen der Tabelle verschwindet durch die in der Formel geforderte Subtraction die Wirkung der Wärme vollständig, ja sie wird sogar negativ, obwohl die Sonne noch über den Horizont emporsteigt. Es ist dies natürlich fehlerhaft und nur eine Folge davon, dass eine einfache Formel eine so complicirte Erscheinung eben nicht völlig naturgemäss ausdrücken kann. Ich habe diese Stellen mit 0 bezeichnet, während die Stellen, an denen die Sonne unter dem Horizont bleibt, mit einem Strich bezeichnet sind. Dass aber an den mit 0 bezeichneten Stellen auch in Wirklichkeit nur sehr kleine Wärmereste übrig bleiben können, ergiebt eine etwas eingehende Betrachtung leicht.

Hienach können wir dazu übergehen, die Jahreswerthe zu bestimmen. Es ist klar, dass die Integration der Formel (50) mit $\delta\lambda$ in zwei Theilen auszuführen ist. Den ersten Theil erhält man einfach, wenn man das schon in Formel (32) gefundene Integral für J mit dem Factor a multiplicirt, den zweiten Theil durch Integration des Ausdrucks $-2bHd\lambda$. Das Integral ist

$$(52) \qquad -\int 2bHd\lambda = -2bH\lambda + 2b\int \lambda dH.$$

Tabelle XVI.

Wärmemengen, aufgenommen während die Erde 1° der Ekliptik durchmisst

(angenommen, dass die Atmosphäre existirt).

NB. Ein Ort ausserhalb der Atmosphäre, wo während der ganzen Zeit die Sonne im Zenith stände, würde die Wärmemenge = 1 empfangen.

φλ =	Längen der Sonne 0° (180°)	10° (170°)	20° (160°)	30° (150°)	40° (140°)	50° (130°)	60° (120°)	70° (110°)	80° (100°)	90°	Geogr. Länge
N. 90°	—	0,00865	0,07231	0,13204	0,18603	0,23263	0,27042	0,29828	0,31533	0,32108	90° S.
80°	0,02401	05298	08776	12917	18233	22823	26545	29289	30968	31533	80°
70°	07493	10401	13510	16718	19806	22806	25069	27686	29289	29828	70°
60°	11279	14967	17729	20520	22992	24300	27266	28741	29672	29987	60°
50°	16587	18969	21320	23555	25609	27409	28891	30007	30685	30818	50°
40°	20315	22305	24203	25946	27504	28821	30884	30668	31143	33303	40°
30°	23238	25068	26264	27504	28567	29422	31086	30555	30824	31927	30°
20°	25565	26684	27453	28169	28731	29188	29419	29599	29688	29727	20°
10°	26930	27409	27748	27929	27998	27969	27944	27793	27720	27695	10°
0°	27489	27318	27107	26782	26382	25950	25537	25195	24970	24892	0°
S. 10°	26930	26313	25589	24774	23946	23158	22494	21872	21526	21408	10° N.
20°	25565	24429	23213	21972	20769	19657	18706	17982	17515	17337	20°
30°	23238	22932	20088	18078	16973	15614	13891	13643	13103	12941	30°
40°	20315	18295	15902	14412	12696	11192	10073	09182	08536	08352	40°
50°	16587	14238	12011	09959	08155	06643	05453	04610	04086	03927	50°
60°	11279	09718	07392	05160	02075	00352	01417	00778	00439	00339	60°
70°	07493	04924	01359	01093	00068	0	—	—	—	—	70°
80°	02401	00201	—	—	—	—	—	—	—	—	80°
90°	—	—	—	—	—	—	—	—	—	—	90°
Längen der Sonne	180° 360	190° 350	200° 340	210° 330	220° 320	230° 310	240° 300	250° 290	260° 280	270°	Längen der Sonne

Diese Breiten sind zu verbinden mit den über den Colonnen angegebenen Längen.

Diese Breiten sind zu verbinden mit den unter den Colonnen angegebenen Längen.

Wir haben aber:

$$\cos H = -\operatorname{tg}\varphi \cdot \operatorname{tg}\delta \qquad \text{und} \qquad \sin\delta = \sin\varDelta \sin\lambda$$

$$-\sin H dH = -\operatorname{tg}\varphi \frac{d\delta}{\cos^2\delta} \qquad \cos\delta d\delta = \sin\varDelta \cos\lambda d\lambda$$

$$dH = \frac{\operatorname{tg}\varphi d\delta}{\sin H \cos^2\delta} \qquad d\delta = d\lambda \frac{\sin\varDelta \cos\lambda}{\cos\delta}$$

und also

$$dH = \operatorname{tg}\varphi \sin\varDelta \frac{\cos\lambda d\lambda}{\cos^3\delta \sqrt{1 - \operatorname{tg}^2\varphi \cdot \operatorname{tg}^2\delta}}$$

$$= \operatorname{tg}\varphi \sin\varDelta \frac{\cos\lambda d\lambda}{\cos^2\delta \sqrt{1 - \frac{\sin^2\varDelta}{\cos^2\varphi} \sin^2\lambda}}.$$

Das Integral des zweiten Theils haben wir jetzt von $\lambda = 0$ bis $\lambda = \lambda$ zu nehmen:

$$(53) \quad -2\int_0^\lambda bHd\lambda = -2bH\lambda + 2b\int_0^\lambda \frac{\lambda \cos\lambda d\lambda}{(1 - \sin^2\varDelta \sin^2\lambda)\sqrt{1 - \frac{\sin^2\varDelta}{\cos^2\varphi}\sin^2\lambda}}.$$

Dies ist wiederum ein elliptisches Integral, welches aber für den Verlauf des ganzen Jahres einen sehr einfachen Werth annimmt. In dieser Zeit addiren sich die verschiedenen $2H$ und geben als Summe eine Constante gleich der Hälfte des Jahres, sofern man von der atmosphärischen Refraction absieht und nur den Mittelpunkt der Sonnenscheibe ins Auge fasst. Dadurch aber vereinfacht sich die Jahresformel ganz ausserordentlich. Sie wird:

$$(54) \qquad Y_{Jahr} = aJ_{Jahr} - \frac{b}{2}.$$

Die Einheit ist nun die Energie, welche ein Ort ausserhalb der Atmosphäre erhalten würde, wenn die Sonne das ganze Jahr über in seinem Zenith stehen würde. Und nach dieser Formel habe ich die Tabelle XVII berechnet, zugleich aber auch die Werthe der Dämmerungen (Tabelle XIV S. 58) hinzugerechnet.

Tabelle XVII.

Jährliche Wärmemengen.

Breite	Meer	Land	Schnee
0°	0,25394	0,25978	0,19888
10°	24976	25573	19554
20°	23725	24359	18553
30°	21706	22401	16940
40°	19007	19783	14783
50°	15784	16658	12209
60°	12338	13317	09464
70°	09454	10520	07161
80°	07948	09155	06029
90°	07712	08832	05778

Klimatologischer Theil.

XI. Der Erdboden und das Meer.

In der hier unmittelbar vorangehenden Tabelle XVII, die wir nach Bedürfniss interpoliren können, besitzen wir nun ein Hülfsmittel, um die klimatischen Verhältnisse der Erdoberfläche theoretisch betrachten zu können. Wir kennen dadurch die wahre Grösse der wirkenden Ursachen, die wir nun mit den hervorgebrachten Wirkungen vergleichen können. Freilich müssen dabei gewisse Bedenken, wenn sie nicht beseitigt werden können, im Auge behalten werden. So entsprechen Erdoberflächentemperatur und Sonnenstrahlung einander keineswegs vollständig. Hörte die letztere auf, so würde die erstere zwar bedeutend herabsinken, aber keineswegs ganz aufhören. Die Vorstellung eines absoluten Nullpunkts der Temperatur ist vorläufig noch eine mathematische, deren physikalische Bestätigung vielleicht ausbleibt. Auch würde die innere Erdwärme, so gering auch gegenwärtig ihre Wirkung nach aussen ist, doch in solchem Falle als Schranke gegen unbegrenzte Erkaltung zur Geltung kommen.

Auch würden durch die Annahme eines gänzlichen Aufhörens der Sonnenstrahlung die Erwärmungsverhältnisse der Erde dermassen geändert, dass die hier ausgeführten Berechnungen gar keine Gültigkeit mehr haben könnten. Die Temperaturen aller Breitenkreise entsprechen der Sonneneinstrahlung nur unter der Voraussetzung, dass sie jährlich in gleicher Weise wiederkehre. So auch die Klimate der Polarzonen können sich nur unter der Voraussetzung erhalten, dass nach der langen (mit Ausnahme der Dämmerungen) strahlenlosen Nacht immer wieder von Neuem Tag und Nacht wechseln und auch der lange wirkungsvolle Tagesschein eintrete. Es ist nicht wahrscheinlich, dass eine Verlängerung oder Verkürzung dieser Periode die Mitteltemperatur merkbar ändern würde; das völlige Ausbleiben des Tages würde dagegen von gewaltigster Einwirkung sein.

Temperaturen und Strahlenmengen gehen daher nur parallel, wo die Differenzen in Vergleich kommen, und um so sicherer darf man dies annehmen, je kleiner dieselben sind. Von vergrösserten Strahlungsintensitäten dürfen wir proportionale Temperaturerhöhungen erwarten und, wo wir solche nicht finden, haben wir uns nach den Gründen für diese Abweichung umzusehen. Auf diesem Wege haben wir die Construction der „solaren" Klimate zu versuchen.

Als Maassstab der Temperatur der Erdoberfläche gilt uns überall nur die beobachtete Lufttemperatur. Ob sich das Thermometer über dem Lande oder über der See befinde, überall wird die mittlere Temperatur der Luft derjenigen ihrer Grundlage sehr nahe stehen. Daher man denn auch die isothermischen Linien nach den Lufttemperaturen zeichnet. Auch die Bezeichnungen Landtemperatur und Seetemperatur beziehen sich zunächst immer nur auf die Lufttemperatur über dem Lande und über der See.

Denn vor Allem wird es nöthig sein, die Temperaturen des Landes von denen des Meeres zu unterscheiden, da sie nicht ohne Weiteres commensurabel sind. Wir können aus Tabelle XVII ersehen, dass wegen der ungleichen Reflexion der einfallenden Sonnenstrahlen die Quantität der in beide Oberflächen aufgenommenen Wärme eine ungleiche ist. Dieser Unterschied beträgt am Aequator etwa $\frac{6}{1000}$ der Jahreseinheit, steigt aber in der Nähe der Pole auf das Doppelte, natürlich wegen der bei wachsendem Einfallswinkel der Sonnenstrahlen erfolgenden stärkeren Reflexion. Aber ihre Art, die aufgenommene Wärme festzuhalten, ist in noch grösserem Maasse verschieden. Vom Erdboden erwärmen die Sonnenstrahlen schnell eine dünne Schicht; aber bald wird ein Theil der aufgenommenen Wärme wieder an die Luft zurückgegeben, von wo aus er von Neuem in den leeren Raum strahlt. Nur ein kleiner Theil bleibt längere Zeit im Erdboden zurück und dringt zu grösseren und grösseren Tiefen.

Dem gegenüber wird das Wasser bis in beträchtliche Tiefen von den Sonnenstrahlen durchstrahlt und auf diesem ganzen Wege werden die Energien absorbirt. Die erwärmten Molecüle werden durch stete Bewegungen mit den übrigen vermischt und so vertheilt sich die Wärme gleichmässig auf grosse Tiefen, aus welchen sie nur langsam wieder entweicht. Oft werden in den Meeren diese erwärmten Massen durch die Strömungen in höhere Breiten entführt und übertragen dorthin die Wärmemengen, welche sie in den äquatorialen Zonen aufgenommen haben. So wäre es also nutzlos, die Strahlenmengen, welche in die verschiedenen Breiten gelangen, mit den dort herrschenden Temperaturen zu vergleichen, ohne sorgfältig zwischen denen des Meeres und denen des Erdbodens zu unterscheiden.

Es giebt zwei Wege, diese Unterscheidung zu erreichen, von denen der eine durch Forbes*) und durch Spitaler (Wien**) eingeschlagen ist. Beide haben die Constanten des Meeres und des Landes bestimmt, indem sie dieselben aus den mittleren Temperaturen einiger Breitenkreise und dem Verhältnisse von Meer und Land auf denselben ableiteten. So haben sie Werthe gefunden, durch deren Einsetzung man die mittlere Temperatur eines beliebigen Breitenkreises finden kann, wenn nur das Verhältniss zwischen Meer und Land auf diesem Breitenkreise bekannt ist. Forbes gründete seine Untersuchungen auf die Isothermenkarten von Buchan, Spitaler auf diejenigen von Hann. Die letzteren dienten auch mir zur Grundlage (s. Hann, Atlas der Meteorologie, Abth. III, aus der neuen Ausgabe des physikalischen Atlas von Berghaus 1887).

Die Formel von Forbes lautet:

$$T\varphi = A + B\cos^{5/4}\varphi + Cn \cdot \cos 2\varphi, \tag{55}$$

*) J. D. Forbes, Inquiries about terrestrial temperature. Trans. Edinb. Soc. vol. XXII.

**) R. Spitaler, die Wärmevertheilung auf der Erdoberfläche. Denkschrift d. Kais. Akad. d. Wiss. zu Wien, math. naturw. Kl. Bd. LI. 1885.

wo A, B und C Constanten sind, welche nach einigen bekannten Temperaturen von Parallelkreisen bestimmt werden, n aber die relative Ausdehnung des Landes auf dem fraglichen Parallelkreise, verglichen mit seiner ganzen Peripherie. Spitaler hat diese Formel noch etwas abgeändert und ihr die Form gegeben:

$$T\varphi = A + B\cos\varphi + (C + Dn)\cos 2\varphi.$$

Die a. a. O. S. 7 berechneten Werthe stimmen gut mit den beobachteten zusammen, wenigstens auf der nördlichen Halbkugel, wo die Differenzen zusammen + 1,3° C. nicht übersteigen, während freilich auf der südlichen sie zusammen — 13° C. erreichen. Spitaler leitet auch aus seiner Formel, indem er zuerst $n = 1$, dann $n = 0$ setzt, die Temperaturen ab, welche auf einer ganz von Land oder ganz von Wasser bedeckten Halbkugel herrschen müssten. So hat er sehr interessante Resultate gefunden, welche in manchen Punkten die klimatologischen Charactere der beiden Halbkugeln erklären. So konnten die beiden Gelehrten den thatsächlichen klimatologischen Zustand der Erdoberfläche darstellen.

Aber ich glaube nicht, dass damit die wirkliche Wärmemenge bestimmt ist, welche unter dem oder jenem Parallelkreise vom Lande oder von der See oder von beiden zusammen aufgenommen worden ist. Das letztere wäre gewiss der Fall, wenn man annehmen dürfte, dass alle fernere Mittheilung von Wärme durch westöstliche oder ostwestliche Strömungen oder Winde geschähe. Da aber auch Winde in mehr und weniger meridionaler Richtung vorkommen, so werden dadurch die Wärmemengen niederer und höherer Breiten mit einander vermischt und in noch höherem und nicht wohl bestimmbarem Maasse durch die Meeresströmungen. So gehören also die als Grundlage der Berechnung dienenden Temperaturen ursächlich nicht allein ihrem Parallelkreise an und können daher auch die dort stattfindenden Wirkungen der Sonnenstrahlen nicht voll zur Erscheinung bringen. In diesem Sinne ist es gerechtfertigt, wenn Spitaler, um in besserer Uebereinstimmung mit den Beobachtungen zu bleiben, die local gesteigerten Temperaturen des Golfstroms und der Sahara bei der Schlussberechnung ausschaltet (a. a. O. S. 9).

Für die vorliegende Arbeit, dünkt mich, ist der entgegengesetzte Weg vorzuziehen. Wir müssen zunächst zu bestimmen suchen, welche mittlere Jahrestemperaturen auf der See und auf dem Lande der für die betreffenden Breiten gefundenen Einstrahlung entsprechen, d. h. also die solaren Seeklimate und die solaren Landklimate berechnen, um dann aus der Vermischung dieser Wirkungen die wirklichen localen Verhältnisse theoretisch reconstruiren zu können.

Wir müssen dabei das Verhalten des Meeres und des Landes beobachten, wo sie in völliger Reinheit, eines möglichst unbeeinflusst vom anderen, auftreten. Man erkennt solche Gebiete am sichersten an dem dort ruhigen Verlauf der Isothermen, welche weithin den Breitenkreisen parallel laufen und unter einander für gleiche Temperaturunterschiede gleiche oder doch fast gleiche Zwischenräume festhalten.

XII. Das Meer.

Die Gebiete des absoluten Meeresklimas wird man ohne Zweifel in den ungeheuren Meeresflächen der südlichen Halbkugel zu suchen haben. Ein Blick auf die Karte der Jahresisothermen zeigt uns, wie gleichmässig dort zwischen 20 und 40° südlicher Breite und zwischen 120 und 180° westlicher Länge von Greenwich die Temperaturen gegen den Südpol hin abnehmen und dass sie fast parallel den Breitenkreisen verlaufen. In den Seekarten steht zwar dort eine „antarctische Drift“ angegeben, aber die Isothermen beweisen, obwohl die dort verzeichneten Temperaturwerthe nur auf verhältnissmässig wenig Beobachtungen beruhen und deswegen auf der Hann'schen Karte nur punktirt sind, dass keine polare Abkühlung vorhanden ist, und dass jene oceanischen Massen frei sind von allen continentalen Einflüssen, die das rein solare Meeresklima verändert hätten. Unter 20° südlicher Breite finden wir die Isotherme von 23° C., vielleicht noch um einen Bruchtheil höher, und unter 50° südlicher Breite diejenige von 8° C. Im nördlichen

Theile des grossen Oceans, sowie im Indischen Ocean sind die Isothermen einander um ein weniges mehr genähert und im Atlantischen Ocean hört infolge der dort herrschenden Strömungen der Parallelismus mit den Breitenkreisen auf.

Die Differenz der eingestrahlten Sonnenwärme beträgt nach Tabelle XVII zwischen 20° und 50° Breite 0,07941 Einheiten (Y), und da diese einer Differenz der mittleren jährlichen Temperaturen von 15° C. entsprechen, so kommt auf $0{,}01\ Y = \frac{15^\circ}{8}$ C. Darnach erhalten wir folgende Reihe:

Breite	0°	10°	20°	30°	40°	50°	60°	70°	80°	90°
Meer ° C.	26,2	25,4	23,0	19,2	14	8,0	1,5	−4,5	−6,8	−7,25

Diese Temperaturen, welche unter der Voraussetzung berechnet sind, dass gleichen Unterschieden der jährlich empfangenen Strahlenmengen auch gleiche Temperaturdifferenzen entsprechen, können also als solare Meeresklimate gelten (s. S. 69).

1) Der Aequator.

Wenn wir mit diesen soeben gefundenen Zahlen die in Wirklichkeit zu beobachtenden Zahlen vergleichen, so finden wir namentlich am Aequator grosse Uebereinstimmung. Dabei lassen sich die Spuren der grossen oceanischen Circulation erkennen; denn meist dringen die Gewässer noch in kühlerer Temperatur von den Polen zum Aequator heran und nehmen erst bei längerem Verweilen dort die normale äquatoriale Meerestemperatur an. So sehen wir im grossen Ocean einen kalten Südpolarstrom längs der Westküste von Süd-Amerika nordwärts dringen, den Aequator mit 24° C. erreichen, aber in der nun folgenden Weströmung erst jenseits der Marquesas-Inseln die normale Temperatur des Aequators von 26° annehmen. Mit dieser Temperatur treten die Wasser, warme Seitenströmungen gegen Norden und Süden im Austausch gegen kältere von Norden und Süden abgebend, durch die Sunda-See und in das Nord-Becken des Indischen Oceans ein. Die hohe Temperatur von 26,6°, welche in diesem Ocean durchschnittlich am Aequator herrscht und sich nördlich davon noch um einige Zehntelgrade steigert, ist offenbar eine Wirkung der grossen heissen Landmassen von Südasien und Ostafrika, gegen welche seine Gewässer spülen. Wir kennen die mächtigen mechanischen Wirkungen dieser thermischen Wechselbeziehungen in den Monsunwinden. — Die von Süden her an der Küste West-Australiens nordwärts dringenden kalten Strömungen nehmen daher schon etwa 10° südlich vom Aequator die Temperatur 26° C. an, und in den eng eingeschlossenen Meerestheilen (rothes Meer) finden wir die Temperatur gar bis auf 30° C. und im Sommer noch darüber gesteigert.

2) Atlantischer Ocean.

Im Atlantischen Ocean findet man nur im Golf von Guinea, an der Küste Süd-Amerikas und im Caraibischen Meer die jährliche Temperatur von 26°; erst dort erreichen die Wassermassen des Aequatorialstroms, welche grösstentheils aus der nach Norden gerichteten kalten Südatlantischen Strömung hervorgehen, die normale Meerestemperatur des Aequators. Diesem Aequatorialstrom ist die Ostspitze Süd-Amerikas so entgegengekehrt, dass die in Bewegung befindlichen Gewässer, indem sie sich in einen nördlichen und in einen südlichen Ast theilen, ihre Bewegung unverzögert fortsetzen. Der südliche Ast, welcher an der Küste von Süd-Amerika entlang zieht, ist der schwächere und nur zur Winterszeit der nördlichen Halbkugel in voller Kraft. Die Isothermen des Januar lassen seine Verbreitung deutlich erkennen. Im Juli scheint er völlig unterbrochen zu sein.

Der nördliche Ast wechselt natürlich in entgegengesetzter Weise an Wasserreichthum und Temperaturwirkung und erzeugt, aus der Strasse von Florida hervortretend, den mächtigsten aller Meeresströme, den Golfstrom, dessen erwärmender Einfluss nach Norden und Osten hin über die alte Welt und den Polarocean sich erstreckt. Besonders sind es die hier herrschenden Westwinde, welche bis nach Asien hinein die grossen Wärmemengen aus der Oberfläche des Golfsstroms tragen. Im hohen Norden scheint sein Wärmevorrath zum Schmelzen der Eismassen aufgebraucht zu werden, denn man weiss, dass in der Tiefe ein ununterbrochener kalter Strom schweren Wassers nach Süden zurückkehrt.

So ist denn im Atlantischen Ocean zwischen der nördlichen und südlichen Halbkugel kein Gleichgewicht der Temperaturen an der Oberfläche. Die südliche Hälfte enthält überwiegend kalte Meeresströme, besonders den von Süd-Guinea, aber selbst der südliche Ast des warmen Aequatorialstroms, welcher die Küste von Brasilien bespült, bleibt ganz unter der Normaltemperatur der Breitenkreise. Im Norden ist dagegen der Atlantische Ocean wärmer als irgend ein andrer. Die Temperaturen erheben sich hoch über die normalen, ausgenommen nur die aus dem Norden zurückkommenden kalten Ströme.

3) Thermische Abweichungen.

Es sollen hier noch einige Abweichungen von den Normaltemperaturen angeführt werden, durch welche die Strömungen im Meere und an den Küsten characterisirt werden. Zuerst von der südlichen, dann von der nördlichen Halbkugel.

Tabelle XVIIIa. Südliche Halbkugel. °C.

Südl. Br.	Peru	Brasilien	Guinea	Madagaskar	West-Australien	Ost-Australien
0°	— 2	—	— 1,6	—	—	—
10°	— 4,4	— 1,4	— 5,4	—	—	0
20°	— 5,0	— 0,3	— 6,0	+ 0,5	+ 0,5	+ 0,3
30°	— 5,2	— 1,2	— 6,6	— 1,2	— 3,6	— 1,7
40°	— 2,5	0	— 4,0	— 2	— 5,5	— 2,6
50°	— 1,0	0	—	—	—	— 1,5.

Man sieht, dass der Guineastrom thermisch auch dem von Peru voransteht; vielleicht, dass er schneller vordringt. Beide weichen zwischen 10° und 30° Breite am stärksten von der Normaltemperatur ab.

Tabelle XVIIIb. Nördliche Halbkugel.

Geogr. Br.	Grosser Ocean 150° W.	Californischer Strom	Atlantischer Ocean 55° W.	20° W.	10° E.
80°	—	—	− 11,2	− 5,2	− 2,2
70°	—	—	− 7,5	+ 3,5	+ 7,8
60°	+ 3	—	− 1,5	+ 5,5	+ 6,0
50°	+ 1	+ ½	− 8,0	+ 3,0	+ 2,0
40°	0	− 3	0	+ 2,0	—
30°	0	− 5,2	+ 2,0	+ 1,8	—
20°	0	0	+ 1,8	+ 0,4	—
10°	0	—	+ 0,6	− 0,4	—
0°	0	—	—	− 1,0	—

Die Meridiane bezeichnen nur ungefähr die Lage der Vergleichspunkte. Die im Atlantischen Ocean zum hohen Norden hin stattfindende Verwandlung der Vorzeichen von + in − hat wohl ohne Zweifel ihre Ursache in der dort stattfindenden Einwirkung der sehr kalten Land- und Eismassen.

XIII. Das Festland.

a. Die Continentalität.

Viel schwieriger ist es, eine Gegend von durchaus continentalem Character zu finden. Man wird sie natürlich im Centrum der Continente suchen, aber selbst dort hört der Einfluss der Oceane nicht ganz auf. Und in welchen Gebieten ist dieser Einfluss am geringsten? Genügt ferner die Ausdehnung solcher Gebiete, um darin ein wärmeres Klima mit einem kälteren vergleichen zu können, wie wir es soeben beim Meere gethan haben? Von diesen wichtigen Fragen habe ich zunächst versucht, die erstere zu lösen und die Continentalität eines Orts zu bestimmen.

Es handelt sich hier nicht um Continentalität in geographischem oder ethnographischem Sinne, bei welcher die Schwierigkeit des Verkehrs mit der Küste zu messen ist und bei der also, abgesehen von besonderen Bodenschwierigkeiten, vor Allem die Entfernung in gerader Linie von der Küste in's Gewicht fiele, sondern um Continentalität in climatischem Sinne, bei der es sich also um das grössere oder geringere Vorwalten der continentalen Eigenschaften des Klimas gegenüber den oceanischen handelt. Durch ihr Verbleiben über den Continenten nimmt die Luft continentale Eigenschaften an: Trockenheit und bei wechselnder Sonnenstrahlung (vom Winter zum Sommer und umgekehrt) starke Temperaturunterschiede; durch ihr Verbleiben über den Oceanen nimmt sie die entgegengesetzten Eigenschaften an: Feuchtigkeit und geringe Temperaturunterschiede zwischen Winter und Sommer. Wenn die Luft eines Orts sich im Laufe des Jahres als zwischen diesen Extremen stehend erweist, so wird man procentisch angeben können, wie weit sie dem einen und wie weit sie dem anderen Character angehört, etwa so, als ob man rein continentale Luft mit rein oceanischer in stets gleichen Verhältnissen zu mengen hätte. Daraus würde ein Mittelzustand von Feuchtigkeit und eine mittlere Schwankung der Temperaturen sich ergeben. Die Feuchtigkeit zu bestimmen, scheint mir für die weiten Gebiete, um die es sich hier handelt, noch unausführbar, während dagegen die Zusammenstellung der jährlichen Temperaturschwankungen schon kartographisch bearbeitet worden ist (Supan, Wild, siehe Hann's Atlas der Meteorologie Taf. I).

Für den gegenwärtigen Zweck können indessen diese Bearbeitungen noch nicht ganz genügen. Da wir doch annehmen müssen, dass die Grösse der Temperaturschwankungen, wenn alles Uebrige gleich bleibt, in directer Abhängigkeit stehe von dem Unterschied der im Winter und der im Sommer einwirkenden Strahlenmengen, so müssen wir uns erinnern, dass diese Unterschiede wiederum Functionen der geographischen Breite sind, für die wir in Formel (24) u. f. den Ausdruck gefunden haben:

$$J_{T\ Sommer} - J_{T\ Winter} = 2A\pi \sin\varphi \cdot \sin\delta,$$

mit dessen rechter Seite wir also den Betrag der Temperaturschwankung zu dividiren haben, wenn wir im obigen Sinne direct vergleichbare Werthe erlangen wollen. Ohne dies würden wir Küstenplätze höherer Breiten mit continental gelegenen Orten in niederen Breiten auf dieselbe Stufe stellen müssen. Die einzige variable Grösse in diesem Ausdruck ist $\sin \varphi$, da δ für alle Orte denselben Werth haben muss, ob man darunter die Declination der Sonne in den Solstitien oder in der Mitte der direct zur Vergleichung kommenden Monate Januar und Juli verstehen wolle. Müssten wir sonach die Schwankungen, welche ich durch (U) bezeichnen will, theoretisch mit $\sin \varphi$ dividiren, so halte ich es bei näherem Eingehen doch für noch naturgemässer, die Division mit $\operatorname{arc} \varphi$ auszuführen.

Meine Gründe sind folgende. Es giebt in dem einzigen grossen Continent, welcher auf der Erde existirt, zwei von einander weit entfernte Gegenden, deren Klimate zwar ganz entgegengesetzt, aber allem Anschein nach beide durchaus unvermischt von Nebenwirkungen sind. Die eine dieser Gegenden ist die von Jakutzk und Werchojansk in Sibirien unter 65° Breite, deren Temperaturschwankungen 65° C. erreichen (die Monatswerthe von Juli und Januar berechnet). Die andere ist die Wüste Sahara in Nord-Afrika. Die Temperaturschwankungen erreichen hier nach Spitaler 24,5° C. unter 30° Breite, nach Supan mehr als 20° C. zwischen 18° und 25° Breite. Nehmen wir $\frac{65^\circ \text{ C.}}{\sin 65^\circ}$ als Einheit, so haben wir $\frac{24{,}5^\circ}{\sin 30^\circ} = 0{,}653$ und $\frac{20^\circ \text{ C.}}{\sin 18^\circ} = 0{,}864$.

Aber man erwäge die näheren Bedingungen. Die extremen Temperaturen von Jakutzk gehören der strengen Kälte an, diejenigen der Wüste der glühenden Hitze. In Sibirien bleibt die kalte und schwere Luft am Erdboden und vertheilt sich nicht in die benachbarten Gegenden (worauf besonders Woeikof aufmerksam gemacht hat). Die Kälte der untersten Luftschichten wächst von Tage zu Tage und ihre Temperatur wird am Thermometer verzeichnet. In Afrika dagegen steigt die erhitzte Luft empor und vertheilt sich nach allen Richtungen, während zur Erdoberfläche neue kühlere Luftmassen herangezogen werden, um die emporgehobenen zu ersetzen. Die am

Erdboden erzeugte Wärme entweicht zum Theil nach oben und kann nicht den Hitzezustand erreichen, den sie annehmen würde, wenn die Atmosphäre unbeweglich bliebe. Die Reinheit des continentalen Klimas scheint daher hier nicht geringer zu sein als in Jakutzk.

Darum muss man die Temperaturschwankungen nicht mit dem Sinus der Breite dividiren, sondern mit einer Kreisfunction, welche von 0°—90° schneller wächst als der Sinus. Diese Function scheint am besten der Bogen der Breite zu sein, bei dessen Einführung statt eines Punktes absoluter Continentalität deren drei gefunden werden. Von diesen drei Punkten liegt der eine im Norden von Jakutzk unter 65° nördlicher Breite, der zweite nördlich von Peking in 45° Breite und 120° östlicher Länge von Greenwich und der dritte in den südlichen Gegenden der Sahara in Afrika. Auch ist so die Berechnung ausserordentlich erleichtert, da man nur die Temperaturschwankung, ausgedrückt in Centesimalgraden, durch die geographische Breite, ausgedrückt in Graden, zu dividiren hat.

Nach dieser Methode habe ich eine Karte construirt von Linien gleicher relativer Temperaturschwankungen, wofür ich die Temperaturen der wärmsten und kältesten Monate aus Spitaler's Schlusstabellen entnommen habe. In den äquatorialen Gegenden muss dies Liniensystem eigentlich unterbrochen werden, da am Aequator auch die geringste Wärmeschwankung in Relation zur Breite von 0° den Werth ∞ annehmen würde. So habe ich denn geglaubt, die Berechnung dieser Linien dem Aequator nicht näher ausführen zu dürfen, als bis auf mindestens 10° Entfernung; von 10° Nord bis 10° Süd habe ich dagegen gleichmässig den Bogen 10° als Divisor beibehalten und zu besserer Unterscheidung die hienach sich ergebenden Linien durch Punktirung von den eigentlichen, welche geschlossen gezogen sind, unterschieden. Natürlich behalten dadurch die Linien am Aequator eine gewisse scheinbare Continuität, aber nur, indem sie dort ihre Natur aufgeben und mit den Supan'schen Linien gleicher absoluter Temperaturschwankungen identisch werden.

Auch mit den Linien der südlichen Halbkugel sind diejenigen der nördlichen nicht vergleichbar, wenn wir die wechselnden Entfernungen der Erde von der Sonne mitberücksichtigen. Denn während auf der nördlichen Halbkugel die grösste Sommerwärme ins Aphelium, die grösste Winterkälte ins Perihelium fällt und dadurch die Wärmeschwankung etwas gemässigt wird, so ist auf der südlichen Halbkugel das Verhältniss gerade umgekehrt. Unter sonst gleichen Verhältnissen würden daher die Schwankungen auf der Südhalbkugel (etwa um $^1/_{15}$) grösser sein als auf der Nordhalbkugel. Die Verhältnisse sind aber so durchaus ungleich, dass wir die genauen Untersuchungen auf die nördliche Halbkugel beschränken wollen.

Im Uebrigen ist der Verlauf der „relativen“ Linien vielfach recht bemerkenswerth und es ist leicht, mit einem Blick die Steigerung der relativen Schwankungen durch die Landmassen zu erkennen. Sogar in den grossen oceanischen Verhältnissen tritt dies hervor. In den ungeheuren, den Südpol umgebenden Wasserflächen, soweit man sie südwärts von 40° und 50° südlicher Breite erforscht hat, findet man die niedrigste relative jährliche Temperaturschwankung von 10% und darunter, was sporadisch allerdings zwischen 10° und 20° sowohl nördlicher wie südlicher Breite auch vorkommt, während auf den grossen Flächen der nördlichen Theile des Stillen und des Atlantischen Oceans die relative Schwankung zwischen 10 und 20% liegt und sich nach den Küsten hin den herrschenden Winden entgegen noch bedeutend verstärkt. So beträgt in der Breite von Japan noch 30 Längengrade weiter östlich die relative Schwankung 30%, offenbar weil die über Asien gestrichene Luft ihre Temperaturschwankungen auch über dem Ocean noch eine grosse Strecke weit beibehält. Aehnlich an der Atlantischen Küste von Nord-Amerika.

Auf dem Continente der alten Welt sehen wir dagegen, wie schon gesagt, an drei Punkten die jährliche Schwankung ihr Maximum erreichen. Die beiden ersteren (bei Jakutzk und bei Peking) sind durch ein grosses Gebiet von 90% umgeben, um welches sich die Gebiete mit immer geringeren Schwankungen schalenartig herumlegen, bis im Westen die Linien von 30 und 20% der Küste Europas folgen.

Der Verlauf dieser Liniensysteme durch Asien zeigt in der Breite von 55—65° die Wirkung der dort herrschenden, vom Atlantischen Ocean kommenden Westwinde, welche die hohen Continentalitäten weit nach Osten zurückdrängen, während dagegen das Vorspringen dieser Linien westwärts in den Breiten von 30—50° auf die trocknen Ostwinde zurückzuführen ist, welche im südlichen Mittelasien herrschen. Nur die grossen Seen und das Caspische Meer stellen sich diesem Vordringen siegreich entgegen, indem die Grenzcurven auf der Ostseite ihren Ufern folgen — Einzelheiten, welche ich dem Atlas von Wild über die Temperaturverhältnisse Russlands entnommen habe.

Ebenso haben in Nord-Amerika die kalten und stark in ihrer Temperatur schwankenden (dadurch den continentalen ähnlichen) polaren Winde ihren Ausdruck in dem weiten Gebiete hoher Schwankungen, welches schon nahe der pacifischen Küste beginnt und vom hohen Norden bis in 25° nördlicher Breite südwärts reicht. Derselbe Vorgang findet — obwohl weniger bestimmt — auch an der Atlantischen Küste seinen Ausdruck.

Dass die Linien relativer Schwankungen den Küsten gern parallel gehen, ist leicht erklärlich und namentlich an der Westseite von Nord-Amerika, in Australien und Nord-Afrika sehr auffällig.

Aus den Linien gleicher relativer Schwankungen ergiebt sich bei der Verbindung der auf dem Lande und der auf dem Meere gefundenen Werthe der Maassstab der Continentalität. Die Oceane zeigen in ihrer grössten Ausdehnung auf der nördlichen Halbkugel die relative Schwankung von 16%, ungefähr $^1/_6$ von derjenigen in der Mitte der Continente, und folglich müssen wir, um die Continentalität zu bestimmen, die Gleichung lösen:

$$x + \frac{100 - x}{6} = n,$$

wo x den Procentbetrag der Continentalität und n denjenigen der relativen Schwankung bezeichnet. Wir erhalten daraus:

$$x = {}^6/_5 n - 20. \qquad (58)$$

Nach dieser Formel gestaltet sich leicht dieselbe Karte in

eine Karte der Continentalität um. Denn für den Werth $n = 100\%$ wird auch $x = 100\%$, aber für den Werth $n = 90\%$ wird $x = 88\%$ und so nimmt jede Differenz von $n = 10\%$ für x den Werth 12% an. Danach bedeuten die kleineren Zahlen auf der Karte die Continentalität, die fetten die relativen Schwankungen und überall ist $100 - n : 100 - x = 5 : 6$. Um genaue Werthe der Continentalität zu erlangen, ist es übrigens gerathener, sie nach den angegebenen einfachen Formeln direct aus den Isothermen zu berechnen, als sie der Karte zu entnehmen, da die Veränderungen der Werthe von Ort zu Ort nicht sehr gleichmässig zu erfolgen scheinen.

Mit den Procentzahlen der Continentalität ist nun die Vorstellung zu verbinden, dass die an irgend einem Orte das Jahr über circulirende Luft gemischt sei aus x Procenten reiner continentaler (localer) Luft von der geographischen Breite φ und aus $(100 - x)$ Procenten reiner Seeluft, welche zwar nicht immer, aber doch meist ungefähr derselben Breite entstammen wird. — Ist dies nicht der Fall, also besonders im Gebiete der Monsune und der Polarwinde, so müsste sich eigentlich die Umrechnung der relativen Schwankungen in Procente der Continentalität umgestalten, da dann das Verhältniss $1 : 6$ nicht mehr Gültigkeit hat. So z. B. bringen die Nordwestwinde in Nord-Amerika eine Temperaturschwankung vom Juli zum Januar um 36° C. mit, was für 70° Breite freilich nur 50% Schwankung ausmacht, für 40° Breite aber 90%, also dort als hohe Continentalität auftritt. In der Karte ist indessen auf diese besonderen Verhältnisse nicht Rücksicht genommen worden. Wir haben also auch drei Maxima der Continentalität und vorläufig wollen wir annehmen, dass in diesen Punkten die Temperaturwirkung des Meeres als verschwindend betrachtet werden dürfe. Darum sind diese Punkte mit 100% bezeichnet.

XIV. Das solare Landklima.

Wie wenig ein stark maritimes Klima geeignet ist, den Maassstab für die solare Wirkung abzugeben, zeigt sich klar, wenn wir probeweise aus der Karte von Europa unsere thermischen Anhaltpunkte nehmen. Die Jahresisotherme von + 10° geht durch Oesterreich in 46° nördlicher Breite, die von 0° tangirt den bothnischen Meerbusen unter 66° nördlicher Breite. Diesem Unterschied entspricht eine Differenz der Sonnenstrahlung von 0,06557 (s. Tabelle XVII) und beide Gegenden liegen in ungefähr 30% Continentalität. Dahingegen findet man nördlich von Peking in einem Gebiete von 90% Continentalität die Jahresisotherme von 10° C. unter 40° nördlicher Breite und die von 0° C. unter $50^1/_2$° nördlicher Breite. Dies bedingt einen Unterschied der Sonnenstrahlung von 0,03291, d. h. ungefähr die Hälfte. Man sieht sofort, dass die Trübung des Resultats durch die Wirkung der Meeresluft, deren Temperatur auf diese Breitendifferenz an der Küste von Europa nur um 6° C. sinkt, herbeigeführt wird. Wir müssen also, um die Wirkungen der Sonnenstrahlung auf das Land richtig abzumessen, unsre Untersuchungen in Gebieten höchster Continentalität vornehmen.

Ausserdem müssen wir auch darauf sehen, dass die zu vergleichenden Isothermen möglichst unter sich und mit dem Breitenkreise parallel seien, da sonst jede seitliche Abweichung in eine andre Isotherme führen würde. Solche Stellen finden sich namentlich in Ost-Asien, in Ost-Nordamerika und in Nord-Afrika, und ich habe daher aus diesen Gegenden einige Beispiele untersucht, zunächst um die Frage an die Natur zu richten, ob in solchen normalen Fällen zwischen Strahlungs- und Temperaturunterschieden Proportionalität herrsche. Ich wählte 4 Linien, welche ungefähr von Norden nach Süden günstig durch eine Reihe von Isothermen kreuzten, um die Messungen anzustellen, zwei grössere: 1) etwa von Werchojansk in Sibirien nach der chinesischen Provinz Yünnan, 2) vom Smith-Sound nach Mexico hinein, und zwei kleinere: 3) von

Algerien nach Timbuctu und 4) vom Himalaya zum Nerbudda. Ich fand:

	1) Asien		2) Amerika		3) Afrika		4) Indien	
Jährl. Isoth.	Breite	Intens.	Breite	Intens.	Breite	Intens.	Breite	Intens.
– 20° C.	—[1])	103	78°	94				
– 10°	62°	127	64°	120				
0°	50,5°	165	51°	163				
+ 10°	41°	195	41,5°	193				
+ 20°	29,5°	225	30°	224	32°	219	30°	224
+ 30°	20°[2])	243	—[3])	243	22°	240	20[3])	243

(Die Intensitäten in Tausendsteln ausgedrückt.)

[1]) Man findet – 17° bei 68° Breite (Intensität = 110).
[2]) „ „ + 26° „ 24° „ („ = 236).
[3]) „ „ + 28° „ 23° „ („ = 239).

Es hat mich überrascht, auf den beiden grösseren Linien in Nord-Amerika und Ost-Asien eine so grosse Uebereinstimmung zu finden, obwohl diejenigen in Ost-Asien durch Gebiete von 80, 90 und 70% Continentalität geht, während die Amerikanischen Gebiete von 40—70% wechseln. Ich bemerke, dass ich in Ost-Asien wie in Nord-Amerika die allzugrosse Nähe der Küste vermieden habe wegen des bekannten Ausspruchs von Dove, dass diese im Sommer durch Seewinde, im Winter durch Landwinde unter ihr normales Clima herabgedrückt werde. (Siehe Hann, die Erde als Weltkörper in Hann, v. Hochstetter und Pokorny, Allg. Erdkunde 1887, p. 99). Aus diesen Zahlen ergeben sich die Strahlungsdifferenzen:

Temperatur	Ost-Asien	Amerika	Afrika	Indien	Durchschnitt
– 20° bis – 10° C.	24	26	—	—	25
– 10° „ 0°	38	43	—	—	45
0° „ + 10°	30	30	—	—	30
+ 10° „ + 20°	30	31	—	—	30,5
+ 20° „ + 30°	18	19	21	19	19,5

Man sieht also, dass auf gleiche Temperaturunterschiede ungleiche Strahlungsunterschiede kommen und zwar tritt eine Verminderung ein zwischen + 20 und + 30°, eine Vermehrung zwischen — 10° und 0° C. Die anderen Werthe dürften wohl unter einander als gleich betrachtet und sogar ausgeglichen werden können. Wie sind diese merkwürdigen Abweichungen zu deuten? Für die nördliche habe ich zwei Erklärungen. Wir wissen, dass nach Langley's Hypothese eine grosse Quantität Sonnenstrahlung schon in den höchsten Schichten der Luft absorbirt werden soll, die in Folge der allgemeinen Luftcirculation den Polargegenden zu Gute kommen müsste. Natürlich würde durch Zusammenstellungen wie die obigen nur die Grenze erkennbar werden, von der aus polwärts sich der Wärmezuschuss Bahn bräche. Die andre Erklärung, welche aber für sich allein nicht auszureichen scheint, findet sich in dem Gefrieren des Wassers. Stelle man sich vor, das Wasser in und auf der Erde besässe die Eigenschaft des Gefrierens nicht, wie etwa der Alkohol. Dann würde derselbe Wärmeverlust, der jetzt das Eis erzeugt, genügt haben, das flüssig bleibende Wasser auf — 60° C. zu erkälten. Es ist klar, dass davon auch der Erdboden, die Luft, die Thermometer eine bedeutende Abkühlung erfahren hätten und zwar auf so lange Zeit, wie jetzt das Eis dauert. Es würde dann zu einer Abkühlung um 10° C. ein viel geringerer Wärmeverlust gehört haben, als in Wirklichkeit, wo die Eisbildung als Gegengewicht eintritt. Daher die grosse Strahlenmenge, welche den Unterschied zwischen 0° und — 10° darstellt. Gerade in dieser Zone findet das Gefrieren hauptsächlich statt; weiter nördlich kaum stärker, da schon alles gefroren ist. Darum sehen wir dort wieder die weitere Abkühlung schnelleren Schritt halten.

Dem entspricht die Deutung des Minimums zwischen + 20 und + 30° C. In diesem Klima fällt die Verdunstung des Wassers mehr und mehr fort. Daher kann hier die Steigerung der Wärme noch schneller gehen; und so können wir dennoch aus der obigen Analyse entnehmen, dass die Temperatur proportional der Strahlung wächst, jedoch mit gewissen nothwendigen Unregelmässigkeiten.

Sonach können wir daran gehen, eine Tabelle der solaren Landtemperaturen für die verschiedenen Breiten aufzustellen. Als Ausgangspunkt entnehmen wir der Colonne Ost-Asien (S. 84) die Isotherme von + 0,5° bei 50° Breite. Wir dürfen auch ohne Scheu interpoliren, da die Proportionalität wahrscheinlich gemacht ist.

Tabelle XIX.

Das solare Landklima.

Breite	Strahlung	Temperatur	Strahlungsdifferenz Δ per 1° C.	Meer
90°	0,0883	− 25,7		− 7,2
85°	0889	− 25,4		− 7,1
80°	0916	− 24,3	0,0024	− 6,8
75°	0971	− 22		− 5,9
70°	1052	− 18,5		− 4,5
65°	1181	− 13	0,0030	− 1,9
60°	1332	− 8	0,0041	+ 1,5
55°	1498	− 4	0,0037	+ 4,7
50°	1666	+ 0,5		+ 8
45°	1827	+ 6,7		+ 11,1
40°	1978	+ 12,5	0,0026	+ 14
35°	2115	+ 17,8		+ 16,7
30°	2240	+ 22,6		+ 19,2
25°	2346	+ 27		+ 21,3
20°	2436	+ 30,7		+ 23
15°	2506	+ 33,7		+ 24,4
10°	2557	+ 35,8	0,0024	+ 25,4
5°	2588	+ 37,1		+ 26
0°	2598	+ 37,5		+ 26,2

XV. Prüfung der solaren und Bedeutung der accessorischen Temperaturen.

Die vierte Colonne zeigt, inwieweit die Zuwächse von Grad zu Grad Celsius den S. 84 gegebenen Beispielen aus Ost-Asien und Nord-Amerika entsprechend gewählt sind. Ob aber diese Beispiele glücklich gewählt und richtig benutzt sind, kann man erst aus einer über einen grossen Theil des Erdballs hin geführten Probe annähernd sicher erkennen. Diese geschehe folgendermassen.

Stellen wir uns zunächst vor, dass ausser der localen Erwärmung des Bodens und der Luftzufuhr vom Meere her es keinen weiteren Einfluss gebe, der auf die Jahrestemperatur wirken könne. So würden wir aus der Berechnung der Continentalität wissen, wieviel Procente localer Luft (x) sich mit wieviel ($100 - x$) Procenten Meeresluft vereinigen, um das wirkliche Klima zu bilden. Nennen wir die solare Landtemperatur (τ), die Temperatur der Seeluft (ϑ_1) und die wirkliche Jahrestemperatur (t), so ist also:

$$100t = x\tau + (100 - x)\,\vartheta_1,$$

und da wir (t) aus der Beobachtung, (τ) aus der Tabelle XIX und (x) aus der Karte der Isocontinentalen kennen, so ist (ϑ_1) leicht zu berechnen:

$$\vartheta_1 = \frac{100t - x\tau}{100 - x}. \tag{59}$$

Aus der Anwendung dieser Formel wird sich erkennen lassen, ob wohl die in der Tabelle XIX aufgestellten Werthe von (τ) richtig gewählt sind oder falsch. Fände man z. B. in einer sehr warmen Zone (ϑ_1) negativ, so wäre dies ein deutlicher Fingerzeig, dass man τ zu hoch berechnet habe. Umgekehrt, wenn man es ausserordentlich hoch fände und nirgends einen Meerestheil von so hoher Temperatur, dessen Luft diese Erwärmung dem betreffenden Orte hätte zuführen können. Wir sind also mittelst dieser Proben im Stande, die richtigen Temperaturen des Landes (τ) für die verschiedenen Breitengrade annäherungsweise zu bestimmen.

Freilich ist die Sachlage nicht ganz so. Nicht nur die Seeluft vermischt ihre Temperatur mit der solaren des Festlandes, sondern es können darauf auch noch andre Einflüsse wirken. Die Hitze einer Wüste, die Kälte eines lange mit Schnee bedeckten Gebietes übertragen sich ebensowohl, wie die milde Temperatur eines Meeres, und müssen daher auch in dem Ausdruck für das wirkliche Clima mit enthalten sein. Derselbe müsste lauten:

$$100t = x\tau + y\mathrm{t} + (100 - x - y)\,\vartheta_1,$$

wenn wir mit y die Menge und mit t die Temperatur des neuen Einflusses bezeichnen. Da wir aber zunächst die beiden letzten Grössen y und $(100 - x - y)$ nicht unterscheiden können, und die Berechnung also nach Formel (59) geschehen muss, so wird in solchen Fällen das sich ergebende Resultat für ϑ_1 einen Fehler enthalten, wenn wir beharren, es als Temperatur der hinzutretenden Seeluft aufzufassen. Wir wollen es deswegen lieber allgemeiner als „accessorische Temperatur“ benennen und mit ϑ bezeichnen, wobei aber angenommen bleibt, dass diese accessorische Temperatur in der Menge $(100 - x)$, d. h. in der für die Seeluft berechneten Menge auftrete, da diese offenbar den grössten Antheil daran hat. Man wird in jedem einzelnen Falle untersuchen können, aus welchen Einzelwirkungen sich dies ϑ zusammensetzt. Die Differenz $\vartheta - \vartheta_1$ tritt natürlich um so auffälliger hervor, je grösser die Continentalität ist, weil die gesammte überschüssige Temperatur sich dann auf eine um so geringere Anzahl von Procenten $(100 - x)$ vertheilt. Bei absoluter Continentalität wird jedes ϑ entweder $= \frac{0}{0}$ oder

Tabelle

Accessorische Temperaturen

Breite	τ	10° W.	0° Gr.	10° E.	20°	30°	40°	50°	60°	70°
75°	— 22								— 7,6	—
70°	— 18,5				2,8	—	—	—	6,1	— 7,8
65°	— 13				6,5	9,2	5,2	4,7	2,4	1,2
60°	— 8			8,0	—	—	9,7	8,7	8,1	6,7
55°	— 4			10,4	9,6	11,5	12,3	12,2	11,4	13,5
50°	+ 0,5	—	—	13,6	13,7	12,4	14,5	14,7	16,4	13,7
45°	+ 6,7	—	14,5	14,6	14,6	14,2	17,1	—	—	19,2
40°	+ 12,5	—	18,9	—	19,1	19,6	22,7	—	23,7	26,8
35°	+ 17,8	—	19,0	21,6	—	—	26,3	22,0	23,3	27,5
30°	+ 22,6	—	35,3	26,5	19,5	20,0	23,8	24,1	20,6	28,7
25°	+ 27	23,5	36,5	38,0	22,6	21,6	23,5	24,9	—	25,9
20°	+ 30,7	26,3	27,9	27,8	27,9	24,3	—	21,3	—	—
15°	+ 33,7	23,5	21,7	22,7	21,0	20,2	20,5	15,6		

$= \infty$, so in 45° und 65° Breite. Durch eine Veränderung des Werthes τ liesse sich dann ja immer $\vartheta = \frac{0}{0}$ herstellen; aber man würde dadurch nach zwei Seiten hin die Tabelle verschlechtern können: einerseits indem sich das ϑ von anderen Punkten desselben Parallelkreises unnatürlicher gestaltete und andrerseits indem die Reihe der solaren Landtemperaturen der verschiedenen Parallele ihre Proportionalität verlieren würde. Diese beiden Rücksichten sind es, welche bei der Fixirung der in Tabelle XIX, Colonne 3, enthaltenen Temperaturwerthe beachtet werden mussten. Diese sind daher keineswegs als thatsächliche, sondern nur als hypothetische Werthe anzusehen, welche durch jede neue Reihe von Zahlen, welche den oben geforderten Rücksichten besser entsprechen, ersetzt werden kann. Und sicher wird dies bei fortgesetzter Vermehrung des Beobachtungsmaterials geschehen müssen.

Ich lasse hier in Tabelle XX und XXI die für Asien, Europa, Nord-Afrika und für Nord-Amerika gefundenen „accessorischen Temperaturen“ folgen:

XX.

in Asien, Europa und Nord-Afrika.

80°	90°	100°	110°	120°	130°	140°	150°	160°	170°	180°
—	− 12,4	− 11,3	− 9,4	—	—	− 9,4	− 11,3			
− 7,4	− 9,5	− 5,1	− 5,0	− 3,2	− 6,7	− 8,0	− 6,7			
− 0,7	− 1,4	− 2,9	− 3,2	− 3,3	$\left(-\frac{0,5}{0}\right)$	− 10,0	− 4,6	− 3,2	− 4,5	− 3,6
6,0	6,5	7,5	2,0	− 2,5	(− 20)	− 5,2	− 2,7	− 1,2		
7,0	9,3	14,5	7,5	− 6,2	− 4,2	− 1,7	− 0,3	3,0		
13,5	19,0	20,0	6,7	− 12,0	− 9	− 1,8				
21,8	23,3	12,4	(− 80	− ∞	− 78)					
33,9	24,0	12,5	− 5,0	5,0						
22,8	16,1	5,5	2,8							
24,6	17,8	4,6	2,8	− 2,2						
26,6	23,8	18,3	8,6	14,0						
27,6	—	21,8	18,7							

Tabelle XXI.

Accessorische Temperaturen in Nord-Amerika.

Breite	Länge (W. v. Greenw.)									
	160°	150°	140°	130°	120°	110°	100°	90°	80°	70°
70°	— 9,3	— 9,1	—	— 10,8	—	— 11,8	—	—	— 11,5	— 9,2
65°	— 1,9	3,0	5,2	1,3	— 2,8	— 6,7	— 8,3	— 8,4	—	— 6,2
60°	0,65	7,3	8,3	7,6	8,7	2,5	— 3,4	—	—	— 6,2
55°	5,2	—	—	9,1	12,2	8,2	4,0	— 5	— 4,6	— 1,5
50°	—	—	—	—	15	16,5	7,6	2,8	1,2	0,7
45°	—	—	—	—	20	19,5	12,2	9,1	5,2	5,2
40°	—	—	—	—	19,5	18,8	17,3	7,5	10,9	—
35°	—	—	—	—	15,5	25,1	20,3	15,2	15	—
30°	—	—	—	—	—	27,6	23	20,7	—	—

Im Continente der alten Welt erkennt man in 20°, 25° und 30° Breite und in 0° und 10° Länge die Wirkung der Sahara, etwas auch wohl noch in 20° Länge, immer von Greenwich; ferner von 30° Breite 70° Länge bis 40° Breite 80° Länge, ja vielleicht noch bis 50° und 55° Breite und 100° Länge die Wirkung der Persichen Wüste und der Monsune vom Indischen Ocean her; längs der Ostküste von 120° und 130° Länge ab die der erkältenden Nordwest—Südost-Monsune und endlich längs der Nordküste die gemeinsame der atlantischen Westwinde und der arctischen Nordwinde. Interessant ist es, dort zu verfolgen, z. B. in 65° Breite, wie sich bis 30° östlich noch ganz die atlantischen Winde geltend machen, bei 40° und 50° Länge vermischt mit denen des Weissen Meeres und der Kolguew-See, welche nach Osten immer mehr die Oberhand gewinnen und sich schliesslich mit den Winden der Karasee und des Polarmeeres vermischen.

In Nord-Amerika giebt die Verbreitung der negativen Temperatureinflüsse deutlich zu erkennen, ein wie mächtiger Kälteheerd der hohe Norden Amerikas ist und wie tief sein Einfluss im Osten herabreicht.

Auf Meeresgebieten, welche nicht zu sehr durch Strömungen beeinflusst sind und welche noch eine gewisse Continentalität haben, kann man die umgekehrte Rechnung ausführen nach der Formel $\tau = \frac{100t - (100-x)\vartheta}{x}$. So z. B. beträgt die Continentalität des Ochotzkischen Meeres bei 50° Breite und 149° östlich von Greenwich 42,4%, die solare Meerestemperatur (ϑ) bei 50° Breite = + 8° C., macht auf 57,6% = + 4,6° C.; die wirkliche mittlere Jahrestemperatur beträgt + 1° C.; so bewirken also die 42,4% Continentalität ein Hinzutreten von — 3,6° C., also für 100% τ = — 8,5° C., eine Temperatur, welche in der Umgebung des Ochotzkischen Meeres im Westen, Nordwesten und Norden wohl als durchschnittliche gelten mag.

Im Allgemeinen wird man anerkennen, dass diese „accessorischen Temperaturen" — unter Berücksichtigung der besonderen Nebenumstände — als ungefähr wahrscheinliche angenommen werden können. Und darin läge die Bestätigung für die Annehmbarkeit und ungefähre Richtigkeit der in der Tabelle XIX gegebenen solaren Temperaturen, sowohl der auf das Meer, wie besonders der auf das Festland bezüglichen.

Berechnungen dieser Art werden in Zukunft dahin führen können, einestheils die solaren Landtemperaturen immer genauer zu bestimmen, anderntheils aber auch die calorischen Wirkungen und die Ausbreitungen der verschiedenen Einflüsse klarer zu bemessen, wie z. B. der Feuchtigkeit, der Bodengestaltung, der Windrichtungen u. s. w.

XVI. Gesammtklimate der verschiedenen Breiten.

Nach den gefundenen solaren Temperaturwerthen sind wir im Stande, die Jahrestemperatur eines Orts zu berechnen, wenn wir die dazu beitragenden Grössen kennen, das ist also: geographische Breite, Continentalität und Seewindtemperatur; practisch dürfte es freilich nach wie vor zweckmässiger sein, die Jahrestemperatur zu beobachten und die Continentalität und die Seewindtemperatur daraus zu berechnen.

Es fragt sich aber, ob die gefundenen solaren Temperaturen nicht im Stande sind, uns über andere, den Wärmehaushalt der Erde im Ganzen betreffende Fragen aufzuklären. So können wir jetzt es unternehmen, a priori die Normaltemperatur eines Breitengrades zu bestimmen, wie sie Dove a posteriori, d. h. aus den wirklich vorhandenen Localtemperaturen bestimmt

Tabelle XXII.

Temperaturen der Breitenkreise.

Breiten	n (Dove)	nτ	1 − n	ϑ(1 − n)	Summa	Dove	Spitaler	Differenz Spit. − Summa
N. 75°	0,265	— 5,83	0,735	— 4,44	— 10,27	—	—	—
70°	543	— 10,04	457	— 2,01	— 12,05	— 8,9	— 9,9	+ 2,15
65°	702	— 9,13	298	— 0,57	— 9,70	—	— 5,6	+ 4,10
60°	609	— 4,87	391	0,59	— 4,28	— 1,0	— 0,8	+ 3,48
55°	549	— 2,20	451	2,12	— 0,08	—	2,3	+ 2,38
50°	587	0,29	413	3,30	3,59	5,4	5,6	+ 2.01
45°	496	3,32	504	5,59	8,91	—	9,6	+ 0,69
40°	372	4,65	628	8,79	13,44	13,6	14,0	+ 0,56
35°	437	7,78	563	9,40	17,18	—	17,1	— 0,08
30°	452	10,21	548	10,52	20,73	21,0	20,3	— 0,43
25°	384	10,36	616	13,12	23,48	—	23,7	+ 0,22
20°	315	9,67	685	15,75	25,42	25,2	25,6	+ 0,18
15°	258	8,70	742	18,10	26,80	—	26,3	— 0,50
10°	242	8,66	758	19,25	27,91	26,6	26,4	— 1,51
5°	241	8,94	759	19,73	28,67	—	26,1	— 2,57
0°	216	8,10	784	20,54	28,64	26,5	25,9	— 2,74
S. 5°	234	8,7	766	19,9	28,6	—	25,5	— 3,1
10°	215	7,8	785	19,9	27,7	25,6	25,0	— 2,7
15°	224	7,6	776	18,9	26,5	—	24,2	— 2,3
20°	235	7,3	765	17,6	24,9	23,4	22,7	— 2,2
25°	223	6,0	777	16,5	22,5	—	20,9	— 1,6
30°	205	4,6	795	15,3	19,9	19,4	18,5	— 1,4
35°	097	1,7	903	15,1	16,8	—	15,2	— 1,6
40°	041	0,5	959	13,4	13,9	12,6	11,8	— 2,1
45°	031	0,2	969	10,8	11,0	—	8,9	— 2,1
50°	019	0,0	981	7,8	7,8	—	5,9	— 1,9
55°	018	0,1	982	4,7	4,6	—	3,2	— 1,4

hat, und werden dann sehen können, inwieweit und vielleicht auch warum diese beiden Bestimmungen mit einander übereinstimmen oder von einander abweichen.

Dove hat in seiner Arbeit: „Ueber die Verhältnisse des

Festen und Flüssigen auf der Erdoberfläche" (Ztschr. f. allg. Erdkunde, Neue Folge, Bd. XII. 1862) die relativen Quantitäten des Landes (n) auf den einzelnen Parallelkreisen bestimmt, sodass also ($1 - n$) die mit Wasser bedeckte Strecke bedeutet. Wenn wir nun jeder Quantität ihre solare Temperatur beilegen, so wird die Summe beider die theoretische Normaltemperatur des Breitenkreises angeben. Damit können wir die von Dove empirisch gefundenen Normaltemperaturen oder auch die von Spitaler (a. a. O. S. 7) gefundenen Beobachtungswerthe vergleichen.

In der letzten Columne der vorstehenden Tabelle XXII zeigt sich die grossartige Wärmeverschiebung, welche in der Richtung von Süden nach Norden stattfindet und an welcher die Strömungen des Meeres und die Winde mitwirken. Von 70° bis 50° nördlicher Breite finden wir einen starken Ueberschuss von Wärme, dem ein Mangel im äquatorialen Gebiete entspricht. Zwischen 10° und 50° nördlicher Breite sind die Ueberschüsse nur geringfügig, wohl aus dem Grunde, weil diese Zonen fast ebensoviel Wärme nordwärts abgeben, wie sie von Süden her empfangen. Sie erscheinen dadurch als Gebiete des Uebergangs, wie sie es denn in der That für die grossen Meeresströmungen und für die Antipassate sind. Die Abweichungen der theoretischen Temperaturen der Breitenkreise von den thatsächlichen kann daher die Bedeutung der ersteren nicht abschwächen, sondern eher verstärken. Der durchaus negative Character dieser Abweichungen auf der südlichen Halbkugel dürfte auf die kalten Meeresströmungen zurückzuführen sein, welche wir schon S. 75 und 76 erwähnten. Wahrscheinlich wird ein grosser Theil der im Süden empfangenen Wärme der nördlichen Halbkugel zugeführt, während nur ein kleinerer Theil dem Süden wieder zufliesst und das dort entstehende Deficit durch unterseeische kalte Rückströme aus dem hohen Norden wieder ergänzt wird.

Die in Tabelle XIX gegebenen solaren Temperaturen der einzelnen Breitengrade mögen auch mit denjenigen verglichen werden, welche von Forbes und von Spitaler für Land- und Wasser-Hemisphären berechnet worden sind. Ich stelle sie im Folgenden nebeneinander.

Tabelle XXIII.

Vergleichung mit den Temperaturwerthen von Forbes und von Spitaler.

Breite	Land. Jahrestemperaturen nach			Wasser. Jahrestemperaturen nach		
	Tab. XIX.	Spitaler	Forbes	Tab. XIX.	Spitaler	Forbes
90°	— 25,7	— 30,4	— 32,0	— 7,2	— 7,8	— 10,8
80°	24,3	25,1	—	6,8	3,9	—
70°	18,5	17,5	—	4,5	0,2	—
60°	8,0	7,2	—	+ 1,5	+ 4,1	—
50°	+ 0,5	+ 4,4	+ 3,6	8,0	8,3	+ 7,6
40°	12,5	16,3	15,7	14,0	12,4	12,7
30°	22,6	27,1	26,0	19,2	15,9	17,4
20°	30,7	36,1	36,4	23,0	18,8	19,6
10°	35,8	42,0	42,5	25,4	20,8	21,2
0°	37,5	44,3	44,8	26,2	21,8	22,2
90° bis 0°	63,2	74,7	76,8	33,4	29,6	33,0

Namentlich unterscheiden sich die anderen Werthe von den meinigen in den Intervallen der höchsten Breiten; zwischen 80° und 90° Breite sind die Differenzen

	auf dem Lande	auf dem Wasser
bei Spitaler	5,3° C.	3,9° C.
nach Tabelle XIX	1,4° C.	0,4° C.

Da die Ableitung der beiderseitigen Tabellen aus ganz entgegengesetzten Gesichtspunkten stattgefunden hat, so kann in diesen Abweichungen der Resultate nichts Verwunderliches liegen.

Die Landtemperatur des Aequators ist überall nur theoretisch. Dass der Aequator so hohe Hitzegrade auf dem Lande nicht zeigt, wie ihm durch die Theorie zugewiesen werden, hat seinen leicht erkennbaren Grund in den oceanischen Einflüssen, die in seiner Zone herrschen, und in der oben erörterten Wegführung der Wärme nach den Polen zu, besonders nach dem Nordpol.

XVII. Veränderte Sonnenstrahlung.

Die besondere Frage wollen wir noch behandeln, wie sich die Skala der solaren Landklimate verändern würde, wenn die Sonnenstrahlung eine Veränderung erlitte. In allen unseren Formeln ist A, die Sonnenconstante, ein Factor gewesen und jede Veränderung, welche diese Grösse erführe, würde daher die Zahl der wirkenden Calorien proportional vermehren oder vermindern. Nehmen wir also an, A sei um 1% verstärkt, so würde nach Tabelle XIX die auf den Aequator wirkende Wärmemenge um 26 Einheiten der 4. Stelle, die auf 60° Breite einfallende um 13, und die auf den Pol einfallende um 9 vermehrt werden. Die Zuwächse entsprechen unter 0° einer Temperaturerhöhung von 1,1° C., unter 60° Breite einer solchen von 0,3° C., und am Pol einer solchen von 0,4° C. Man sieht daraus, dass am Aequator, etwa bis 15° Breite beiderseits, die Wirkung einer verstärkten oder verminderten Sonnenstrahlung 3-mal so stark hervortreten würde, als in unseren Breiten oder nördlicher davon; dass man also Spuren solcher Veränderungen in Beobachtungsjournalen der Tropenstationen suchen müsste. Dies gilt freilich auch nur für Jahresbeobachtungen.

Auch die Continentalität würde um etwas verändert werden, aber nur in demselben Verhältniss, wie A selbst, und da alle diese Werthe ja nur als mittlere aus einer Reihe von Jahren gewonnen werden, so ist auch die Aussicht, auf diesem Wege den Veränderungen der Sonne auf die Spur zu kommen, gering.

Zusammenfassung.

Zum Schluss erlaube ich mir noch einige Punkte der vorliegenden Arbeit zur besseren Uebersicht hervorzuheben.

1) Die Entscheidung der Frage über die Constanz der Sonnenstrahlung ist durch automatische Registrirung an weit getrennten Orten zu erreichen. S. 2.

2) Die Atmosphäre bewirkt eine Vergrösserung des die Sonnenstrahlen auffangenden Querschnitts der Erde S. 10; aber sie vermindert in noch höherem Grade die Aufnahme der Wärmestrahlen in die Erdoberfläche, indem sie einen Theil derselben in den leeren Raum zurückstrahlt. S. Cap. IV—X.

3) Die nördliche und südliche Halbkugel erhalten sowohl im Ganzen als in ihren einzelnen Flächentheilen im Laufe des Jahres genau gleich viel Wärmestrahlung von der Sonne. S. 9.

4) Um den Luftweg der Sonnenstrahlen in Bezug auf die Wärmeabsorption durch die Luft richtig zu berechnen, empfiehlt es sich, die Höhe der Atmosphäre $= \frac{1}{1000}$ des Erdradius zu setzen. S. 29.

5) Die Abschwächung der zusammengesetzten Strahlen lässt sich unter gewissen Voraussetzungen einfach berechnen. S. 36—39; auch nach den spectrobolometrischen Beobachtungen von Langley. S. 40—42.

6) Die nach Langley schon in den obersten Luftschichten stattfindende Absorption der Strahlen von sehr grossen Wellenlängen erscheint vorläufig noch als hypothetisch. S. 34—36, 44 u. 85.

7) Wenn man in Bezug auf die zerstreute Strahlung der Clausius'schen Berechnung folgt, so bleibt man in guter Uebereinstimmung mit der Erfahrung, wenn man $\varrho = 0{,}6$ annimmt oder die Absorption $= 0{,}4$. S. 47.

8) Die Energie des von Langley beobachteten und gemessenen hellen Scheins um die Sonne beträgt ungefähr 5% von der Energie des gesammten Sonnenlichts. S. 50.

9) Die Albedo des Erdbodens ist etwa $= 0{,}04$, nach Lambert etwa $= {}^1/_{12}$, die des Schnees $= 0{,}2$ angenommen. Die Reflexion des Wassers liess sich nach der Fresnel'schen Formel berechnen. S. 53, 54.

10) Die Bewölkung übt auf Berechnungen der Jahrestemperaturen keinen übermässig störenden Einfluss aus. S. 59.

11) Die bei Berücksichtigung des Einflusses der Luft resultirenden Werthe für die Aufnahme der Wärme bei verschiedener Zenithdistanz der Sonne lassen sich ziemlich gut durch einfache Formeln ausdrücken, S. 61; ebenso darnach die Beziehung der Tages- und Jahreswerthe S. 62—66 zu den ohne Rücksicht auf die Atmosphäre gefundenen S. 15, 23.

12) Die solaren Temperaturen müssen für Meer und Land getrennt berechnet werden. S. 69, 70.

13) Aus der Grösse der jährlichen Temperaturschwankungen lässt sich die Continentalität berechnen. S. 77—82.

14) Die solare Landtemperatur wächst proportional mit dem Zuwachs der jährlichen Strahlungsmenge, jedoch mit gewissen nothwendigen Unregelmässigkeiten. S. 84, 85.

15) Unter Berücksichtigung der „accessorischen Temperaturen" scheinen die S. 86 aufgestellten „solaren Temperaturen" sich als etwa richtig zu bewähren. S. 87—91.

16) Bei Temperaturberechnungen über die gesammten Parallelkreise zeigt sich eine grosse Wärmeverschiebung von Süden nach Norden, welche wahrscheinlich die Folge der Windsysteme und Meeresströmungen ist. S. 91—93.

17) Eine Verstärkung der Sonnenstrahlung würde sich nahe dem Aequator in 3-fach so starker Temperaturerhöhung zeigen wie in den gemässigten und polaren Zonen. S. 95.

Additional material from *Die Vertheilung der Wärme auf der Erdoberfläche*, ISBN 978-3-662-32260-4, is available at http://extras.springer.com